AF551411

EUL
VERLAG

# MARKETING

Herausgegeben von Prof. Dr. Heribert Gierl, Augsburg, Prof. Dr. Roland Helm, Regensburg, Prof. Dr. Frank Huber, Mainz, und Prof. Dr. Henrik Sattler, Hamburg

Band 76
Marc Elsäßer
**Rationale und emotionale Erfolgsfaktoren im B2B-Branding –** Eine empirische Analyse
Lohmar – Köln 2016 • 356 S. • € 72,- (D) • ISBN 978-3-8441-0468-4

Band 77
Cornelia Caprano
**Effectiveness of Social Media Communication –** An Empirical Analysis of Key Performance Drivers
Lohmar – Köln 2016 • 156 S. • € 52,- (D) • ISBN 978-3-8441-0478-3

Band 78
Frank Huber, Eva Appelmann und Sebastian Schneider
**Die Relevanz von Kundenbindungsprogrammen im Pricing –** Eine varianzanalytische Untersuchung der Aviation-Branche
Lohmar – Köln 2017 • 140 S. • € 50,- (D) • ISBN 978-3-8441-0504-9

Band 79
Lisa Monika Anna Mützel
**Why Do They Make Things so Complicated? –** Desperate Consumers in Complex Buying Situations
Lohmar – Köln 2017 • 340 S. • € 70,- (D) • ISBN 978-3-8441-0511-7

Band 80
Frank Huber, Sebastian Schneider und Martin Stein
**Innovatoren als attraktives Kundensegment für die Vermarktung von Smartphones –** Die Relevanz von Consumer Innovativeness für Preisfairness, Brand Love und Word-of-Mouth-Intention
Siegburg 2018 • 144 S. • € 50,- (D) • ISBN 978-3-8441-0569-8

JOSEF EUL VERLAG

Reihe: Marketing · Band 80

Herausgegeben von Prof. Dr. Heribert Gierl, Augsburg, Prof. Dr. Roland Helm, Regensburg, Prof. Dr. Frank Huber, Mainz, und Prof. Dr. Henrik Sattler, Hamburg

Prof. Dr. Frank Huber
Sebastian Schneider
Martin Stein

# Innovatoren als attraktives Kundensegment für die Vermarktung von Smartphones

## Die Relevanz von Consumer Innovativeness für Preisfairness, Brand Love und Word-of-Mouth-Intention

**Bibliografische Information der Deutschen Nationalbibliothek**

Die Deutsche Nationalbibliothek verzeichnet diese Publikation in der Deutschen Nationalbibliografie; detaillierte bibliografische Daten sind im Internet über <http://dnb.d-nb.de> abrufbar.

ISBN 978-3-8441-0569-8
1. Auflage Januar 2019



JOSEF EUL VERLAG GmbH
Zeithstr. 356
53721 Siegburg
Tel.: 0 22 05 / 90 10 6-80
Fax: 0 22 05 / 90 10 6-88
E-Mail: info@eul-verlag.de
https://www.eul-verlag.de

**Bei der Herstellung unserer Bücher möchten wir die Umwelt schonen. Dieses Buch ist daher auf säurefreiem, 100% chlorfrei gebleichtem, alterungsbeständigem Papier nach DIN 6738 gedruckt.**

# Vorwort

Innovatoren verleihen dem Markt Dynamik und Vielseitigkeit indem sie Produktneuheiten frühzeitig erwerben und dadurch in der Gesellschaft etablieren. Versteht man besser, wie diese Konsumentengruppe im Vergleich zu weniger innovativen Abnehmern auf verschiedene Produkteigenschaften reagiert, könnte eine Anwendung dieser Erkenntnisse den Unternehmenserfolg begünstigen.

Die wahrgenommene Preisfairness, die Brand Love sowie die Weiterempfehlungsabsicht sind drei zentrale und aktuelle Konstrukte des Marketings, die unmittelbar mit dem Erfolg eines Unternehmens zusammenhängen: Die Preisfairness hat u. a. einen Einfluss darauf, ob ein Konsument weiterhin mit einem Unternehmen interagieren möchte. Die Brand Love hat große Auswirkungen auf Erfolgsfaktoren wie Preisbereitschaft, Kaufabsicht und Loyalität der Kunden. Die Weiterempfehlungsabsicht (WOM-Intention) kann wiederum beeinflussen, welche Einstellung seitens der Konsumenten sich gegenüber einer Marke oder einem Produkt ausbildet und wie die Nachfrager sich in konkreten Kaufsituationen entscheiden.

Das Smartphone hat sich innerhalb weniger Jahre zu einem alltäglichen Begleiter entwickelt und damit eine Vielzahl anderer Hilfsmittel redundant werden lassen. Neben der zugrundeliegenden Marke spielen v. a. der Preis und der Innovationsgrad eine wichtige Rolle für den Erfolg von neuen Geräten. Aufgrund des Marktvolumens und der Diffusion von Smartphones eignen sich diese besonders für die vorliegende Studie. Die Autoren untersuchen mit Hilfe einer Varianzanalyse welche Bedeutung diese Faktoren (Marke, Preis, Produktinnovation) für die Zielgrößen haben und welchen Effekt die „Consumer Innovativeness" auf diese Wirkungszusammenhänge ausübt. Aus den Ergebnissen leiten die Autoren wertvolle Implikationen für die Marketingpraxis sowie -forschung ab.

Mainz, Januar 2019

Frank Huber
Sebastian Schneider
Martin Stein

# Inhaltsverzeichnis

# Abbildungsverzeichnis

# Tabellenverzeichnis

# Abkürzungsverzeichnis

| | |
|---|---|
| ANOVA | Analysis of Variance |
| AV | Abhängige Variable |
| BVT | Bundesverband Technik des Einzelhandels e.V. |
| Bspw. | Beispielsweise |
| Bzw. | Beziehungsweise |
| CI | Consumer Innovativeness |
| D. h. | Das heißt |
| Et al. | et alii, et aliae, et alia (und andere) |
| ETMoIC | Exchange Theory Model of Interpersonal Communication |
| F. | Folgende |
| GfK | Gesellschaft für Konsumforschung |
| Gfu | Gesellschaft für Unterhaltungs- und Kommunikationselektronik |
| GmbH | Gesellschaft mit beschränkter Haftung |
| IBM | International Business Machines Corporation |
| IDC | International Data Corporation |
| I. d. R. | In der Regel |
| I. H. v. | In Höhe von |
| MANOVA | Multivariate Analysis of Variance |
| Mio. | Million |
| MW | Mittelwert |
| NWOM | Negatives Word-of-Mouth |
| PSM | Price Sensitivity Meter |
| PWOM | Positives Word-of-Mouth |
| S. | Seite |
| Sig. | Signifikanz |

Sog. Sogenannte

SPSS Statistical Packages for the Social Sciences

U. a. Unter Anderem

URL Uniform Resource Locator

US United States

Usw. Und so weiter

Vgl. Vergleiche

VIF Varianzinflationsfaktor

WOM Word-of-Mouth

Z. B. Zum Beispiel

€ Euro (Währung)

% Prozent

& Und

€ Euro (Währung)

$\eta^2$ Partielles Eta-Quadrat

% Prozent

& Und

# 1. Zur Relevanz der Zielvariablen sowie der Consumer Innovativeness

Die zentrale Rolle des Preises für den Erfolg eines Unternehmens ist hinlänglich bekannt. Insbesondere Preiserhöhungen eröffnen Unternehmen immense Gewinnpotenziale (Huber et al., 2007, S. 29), können jedoch nur ausgeschöpft werden, wenn der Kunde[1] eine solche Preiserhöhung auch akzeptiert. Doch wie reagieren Kunden auf Preiserhöhungen bzw. Preise im Allgemeinen? Während die klassische Preistheorie den Konsumenten ein rationales, nutzenmaximierendes Verhalten unterstellt und von vollkommenen Informationen über Preise und Präferenzen ausgeht, ficht die Behavioral Pricing Forschung diese Annahmen an und untersucht stärker die kognitiven Prozesse der Konsumenten (Estelami & Maxwell, 2003, S. 353; Homburg & Koschate, 2005, S. 2). In den Fokus gerät nun, wie Konsumenten Preisinformationen wahrnehmen, bewerten und darauf reagieren (Estelami & Maxwell, 2003, S. 353). Bereits vor einigen Jahren hat die Forschung die Komplexität sowie die Relevanz psychologischer Prozesse der Preiswahrnehmung erkannt und verschiedene Faktoren für die Wirkung von Preisen erarbeitet (Campbell, 1999, S. 187; Monroe, 1973, S. 70). Für die subjektive Preiswahrnehmung besitzt nach *Campbell* (1999, S. 187) die Preisfairness eine zentrale Bedeutung. Die Preisfairness dient daher häufig zur Operationalisierung der Preiswahrnehmung. Bewerten die Kunden einen Preis als unfair, veranlasst es sie häufig zu negativem Word-of-Mouth (NWOM) und/oder zum Kauf eines Konkurrenzproduktes (Fassnacht & Mahadevan, 2010, S. 296; Xia et al., 2004, S. 1). In Extremfällen sind sogar Vergeltungsaktionen vor Gericht möglich (Kaufmann et al., 1991, S. 117).

Ein Beispiel für die negativen Auswirkungen von Preisen, die von Konsumenten als unfair erachtet werden, lieferte Amazon.com. Das Unternehmen versuchte im Jahr 2000 eine Preisstrategie einzuführen, die für Neu- und Bestandskunden unterschiedliche Preise vorsah. Grundlage dafür war die Annahme, dass Bestandskunden eine geringere Preissensitivität hätten und daher höhere Preise akzeptierten (Fassnacht & Mahadevan, 2010, S. 296). Die zufällige Aufdeckung dieser Preissetzung hatte jedoch eine massive Empörung der Bestandskunden und eine Vielzahl von Beschwerden auf verschiedenen Kanälen zur Folge, wodurch sich das Unternehmen gezwungen sah, dieses Vorgehen umgehend einzustellen (Cox, 2001, S. 264). Die wahrgenommene Preisfairness repräsentiert somit eine relevante Erfolgsgröße für Unternehmen. Setzt sich eine Unternehmung nicht mit diesem psychologischen Aspekt der

[1] Aus Gründen der Übersichtlichkeit wird in der vorliegenden Studie auf die gleichzeitige Verwendung männlicher und weiblicher Sprachformen verzichtet. Sämtliche Personenbezeichnungen gelten gleichermaßen für beide Geschlechter.

Preiswahrnehmung auseinander, kann dies sowohl materielle als auch immaterielle negative Folgen mit sich bringen (Fassnacht & Mahadevan, 2010, S. 296).

Doch in Zeiten hart umkämpfter Marktanteile reicht es nicht aus, den Konsumenten nur zufrieden zu stellen, um erfolgreich zu sein (Carroll & Ahuvia, 2006, S. 79) – sei es durch eine hohe Produktqualität oder einen fairen Preis. Vielmehr spielen Consumer-Brand Relationships beim Kauf einer Leistung durch den Nachfrager eine immer größere Rolle (Albert et al., 2008, S. 1062).

Während Konstrukte wie Brand Attachment (Thomson et al., 2005), Brand Trust (Chaudhuri & Holbrook, 2001) und Brand Loyalty (Jacoby & Chestnut, 1978) schon hinreichend untersucht wurden, ist das Interesse an dem Konstrukt Brand Love noch nicht sonderlich ausgeprägt (Albert et al., 2008, S. 1062). Das Wort „Love" wird in diesem Kontext in Bezug auf Gegenstände oder Tätigkeiten verwendet (Ahuvia, 2005, S. 171). Markenexperten aus der Praxis und der Forschung sehen sog. „Lovemarks" gar als neue Entwicklungsstufen von Marken (Pawle & Cooper, 2006, S. 38). Dass die Liebe zu einer Marke beim Konsum bzw. Kauf einer Leistung eine Rolle spielt, postulierte *Richins* (1997, S. 141 f.) bereits vor mehr als einem Jahrzehnt. *Batra et al.* (2012, S. 12) stellen in ihrer Studie sogar fest, dass Probanden selbst bei relativ neutralen Marken einen gewissen Grad an Brand Love empfinden, was für eine gute Übertragbarkeit dieses Konstrukts spricht. Löst eine Marke solche Gefühle beim Konsumenten aus, kann dies extrem vorteilhaft für ein Unternehmen sein (Batra et al., 2012, S. 1). Brand Love wird beispielsweise mit positivem Word-of-Mouth (PWOM) sowie Brand Loyalty (Carroll & Ahuvia, 2006, S. 85 f.), einer erhöhten Preisbereitschaft (Thomson et al., 2005, S. 86), einer höheren Kaufabsicht (Fetscherin, 2014, S. 435) und der Resistenz gegenüber negativen Informationen über die Marke (Batra et al., 2012, S. 11) in Verbindung gebracht.

Aufgrund des komplexen und undurchsichtigen Zusammenhangs wurde eine der Wirkgrößen von Brand Love, nämlich Word-of-Mouth (WOM), in den letzten Jahren dezidiert untersucht. Diverse Studien haben gezeigt, dass WOM nicht nur eine zentrale Informationsquelle für Kaufentscheidungen darstellt (Arndt, 1967a, S. 292), sondern auch die Erwartungen der Konsumenten (Anderson & Salisbury, 2003, S. 122), die Einstellungen vor einem Kauf (Herr et al., 1991, S. 455 f.) sowie die Empfindung nach einem Kauf (Bone, 1995, S. 221) beeinflusst. Im Vergleich zu traditionellen Kommunikationsinstrumenten, wie z. B. Fernsehwerbung oder

Zeitungsanzeigen, spielen interpersonelle Einflüsse wie die Mundpropaganda eine deutlich größere Rolle bei der Entscheidungsfindung (Dichter, 1966, S. 166; Gremler, 1994, S. 64; Harrison-Walker, 2001, S. 62; Kiel & Layton, 1981, S. 233; Lis & Korchmar, 2013, S. 7).

Eine besonders starke Wirkung hat WOM in Bezug auf Produkte, die mit einem als hoch empfundenen Risiko behaftet sind (Cheema & Kaikati, 2010, S. 553; Lis & Korchmar, 2013, S. 7). Eine Untersuchung von WOM im Bereich Dienstleistungen ergab, dass 75% der Konsumenten mindestens einer Person einen Anbieterwechsel mitteilen und dass fast jeder zweite Kunde seinen neuen Anbieter durch eine persönliche Empfehlung findet (Keaveney, 1995, S. 79). Ebenso berichten 90% der Konsumenten mindestens einer Person davon, wenn sie ein neues Produkt erwerben. (Engel et al., 1969, S. 18).

Neben einer PWOM ist für die Diffusion von neuartigen Produkten der sogenannte Innovator (Im et al., 2003, S. 61), also eine Person, die über eine stark ausgeprägte Consumer Innovativeness (CI) verfügt, von Bedeutung. Die Consumer Innovativeness wird deshalb im weiteren Verlauf der Studie noch ausführlich erörtert. Kurz zusammengefasst beschreibt die Consumer Innovativeness wie aufgeschlossen eine Person gegenüber Innovationen einer bestimmten Produktkategorie ist (Hirschman, 1980, S. 284; Midgley & Dowling, 1978, S. 236). Innovatoren sorgen dafür, dass neue Ideen und Produkte in eine Gesellschaft gebracht und dort verbreitet werden (Rogers, 2003, S. 283). Gäbe es keine innovativen Konsumenten, wären das Kaufverhalten und somit auch die Auswahl an Produkten sehr statisch und beschränkt. Erst die Neigung einiger Kunden sich ständig mit neuen Produkten auseinanderzusetzen und diese zu erwerben, verleiht dem Markt seine Dynamik und Vielseitigkeit (Hirschman, 1980, S. 283).

Jedes Jahr investieren Unternehmen große Summen in die Entwicklung und Markteinführung neuer Produkte und Dienstleistungen, der Erfolg bleibt jedoch häufig aus. Die Akteptanz durch den Markt gelingt nämlich nur dann, wenn genügend Innovatoren eine Leistung erwerben. Sinnvoll erscheint es deshalb, den Einfluss der Innovatoren sowie der Eigenschaften zu untersuchen, um dadurch die Erfolgswahrscheinlichkeit bei der Einführung neuer Produkte auf den Markt zu erhöhen (Clark & Goldsmith, 2006, S. 34).

Obwohl es bereits eine Vielzahl von Studien zu den genannten Konstrukten gibt, bestehen jedoch immer noch Forschungslücken. Die Preisfairnessforschung bspw. begründet die untersuchten Zusammenhänge auf dem Prinzip des Dual Entitlement (Kahneman et al., 1986b). Im Mittelpunkt der empirischen Arbeiten steht deshalb insbesondere die Wirkung von Preisveränderungen. Weniger erforscht ist in diesem Zusammenhang die Verarbeitung von absoluten Preisen (Bolton et al., 2003, S. 474).

Nach den Ansichten von *Albert et al.* (2009, S. 306) und *Barta et al.* (2012, S. 14) wäre hingegen für das Verständnis von Brand Love eine Analyse sinnvoll, die Erkenntnisse darüber liefert, ob die Art der Marke, die Produktkategorie oder gar die Konsumenteneigenschaften für die Empfindung von Brand Love eine Rolle spielen.

Im Hinblick auf die Mundpropaganda lässt sich in der Literatur erkennen, dass insbesondere mögliche Ursachen einen interessanten Raum für die Forschung liefern, da der Schwerpunkt bisheriger Studien besonders auf den Folgen von WOM lag (Berger & Schwartz, 2011, S. 870; Harrison-Walker, 2001, S. 61). Die Eigenschaften des Senders von WOM, bspw. dessen Consumer Innovativeness, wurden in der bisherigen Forschung weitestgehend vernachlässigt (Anderson, 1998, S. 6; Moldovan et al., 2011, S. 118).

Aus den genannten Gründen soll in dieser Studie untersucht werden, welche Produkt- oder Konsumenteneigenschaften bei der Entstehung von Brand Love von Bedeutung sind (Berger & Schwartz, 2011, S. 869 f.; Moldovan et al., 2011, S. 118). Aus den aufgezeigten Forschungslücken ergibt sich die zentrale Fragestellung dieser Studie:

Welchen Einfluss hat die Consumer Innovativeness auf die Preiswahrnehmung, die Entstehung von Brand Love sowie WOM?

Darüber hinaus wird die jeweilige Wirkung unterschiedlich starker Marken, unterschiedlich hoher Innovationsgrade sowie unterschiedlich hoher Preise auf die abhängigen Variablen (AV) beleuchtet.

In dieser Studie richtet sich das Augenmerk zudem auf drei unterschiedliche Zielgrößen. Zur Herleitung der postulierten Zusammenhänge zwischen Wirk- und Zielgrößen dient deshalb eine eklektische Vorgehensweise. So fungieren neben der Behavioral Pricing-Forschung auch Erkenntnisse aus den Bereichen Consumer-Brand Relationship- und Kommunikationsforschung zur Begründung der Hypothesen. Als theoretische Grundlage werden insbesondere die

Equity Theory (Adams, 1965), das Exchange Theory Model of Interpersonal Communication (ETMoIC; Gatignon & Robertson, 1986) sowie das Prinzip des Dual Entitlement (Kahneman et al., 1986b) auf die vorliegenden Zusammenhänge übertragen.

Um die beschriebenen Forschungslücken und die daraus resultierende Fragestellung zu beantworten, liefert das nächste Kapitel zunächst die konzeptionellen und theoretischen Grundlagen dieser Studie. Dazu interessieren nach der jeweiligen Begriffsbestimmung der relevanten Konstrukte auch die zentralen Theorien. Auf dieser Basis sowie unter Bezugnahme auf verschiedene Studien werden in *Kapitel 3* die unterschiedlichen Forschungshypothesen hergeleitet und das konkrete Untersuchungsmodell aufgestellt. Vor einer Überprüfung der Gültigkeit der Hypothesen, müssen noch einige Charakteristika der vorliegenden Studie Berücksichtigung finden. Zu diesem Zweck wird im Folgenden die Wahl der Varianzanalyse und das grundsätzliche Vorgehen begründet. Außerdem erfolgt eine genaue Beschreibung der Datenerhebung mit Hilfe der Software SoSci Survey sowie des Untersuchungsdesigns. Nach einer deskriptiven Auswertung der empirischen Studie sowie der Operationalisierung der unterschiedlichen Konstrukte folgt eine Überprüfung der korrekten Manipulationen der Faktoren sowie der Prämissen der Varianzanalyse. Im Anschluss stehen die mittels IBM SPSS Statistics Version 23 gewonnenen Ergebnisse im Mittelpunkt. Schließlich liegt der Fokus auf der Interpretation der gewonnenen Daten. Daraus ergeben sich dann die Implikationen für die Marketingforschung sowie -praxis.

# 2. Konzeptionelle und theoretische Grundlagen des Untersuchungsmodells

## 2.1 Konzeptionelle Grundlagen der relevanten Konstrukte

### 2.1.1 Der Begriff Preisfairness

Bereits in den 1970er Jahren haben *Kamen & Toman* (1970) die Preisfairness untersucht. In ihrer Studie konnten sie einen negativen Effekt eines hohen Preises auf die wahrgenommene Preisfairness bei den Nachfragern aufdecken. Das Autorengespann konnte ferner im Rahmen ihrer Untersuchung einen fairen Preis für ausgewählte Leistungen bestimmen (Kamen & Toman, 1970, S. 28 f.). Dennoch lässt sich das rasch anwachsende Interesse der Forschung an dem Konzept der Preisfairness insbesondere auf die späteren Arbeiten von *Kahneman et al.* (1986a, 1986b) zurückführen (Maxwell, 2008, S. 497). Als zentral für die Erklärung des Zustandekommens von Preisfairness sehen die Autoren das Prinzip des Dual Entitlement an (Diller, 2008, S. 164). Im Kern geht es hierbei darum, dass bei Preisfairnessurteilen zwei Ansprüche Berücksichtigung finden: die des Kunden und die des Anbieters (Bolton et al., 2003, S. 474). Der Kunde hat einerseits den Anspruch auf die Eigenschaften einer Referenztransaktion (Homburg & Koschate, 2005, S. 31). Dies äußert sich i. d. R. in der Erwartung eines Preises, der sich nicht wesentlich vom durchschnittlichen Marktpreis, vom zuletzt gezahlten bzw. von dem von anderen Abnehmern gezahlten Preis, unterscheidet. Dem Anbieter wird andererseits ein Anspruch auf einen Referenzgewinn zugestanden (Diller, 2008, S. 164). Preiserhöhungen bzw. Kostensteigerungen können die jeweiligen Ansprüche bedrohen. Sind die Kunden- und Anbieteransprüche gleichzeitig gefährdet, haben die des Anbieters Vorrang (Homburg & Koschate, 2005, S. 31).

Während die Preisforschung des vergangenen Jahrtausends dem Forschungsparadigma eines rationalen, nutzenmaximierenden Konsumenten, der über vollkommene Informationen zu Preisen und Präferenzen verfügt (Estelami & Maxwell, 2003, S. 353; Maxwell, 2002, S. 193), folgt, wird diese Maxime in jüngster Zeit immer stärker hinterfragt. Es rückt nun stärker die Annahme in den Mittelpunkt, wonach Menschen oftmals irrational, entgegen wirtschaftlicher Prämissen und teilweise gar selbstlos handeln (Maxwell, 2008, S. 497). Dieses neue Verständnis bildet den Ausgangspunkt einer Vielzahl von Studien, von denen einige das Konstrukt der Preisfairness analysieren.

*Xia et al.* (2004, S. 2) entwickeln bspw. ein Modell, welches u. a. die Wirkung von sozialen Normen, Vertrauen, Ähnlichkeit der Transaktion sowie den persönlichen Vergleich auf die Wahrnehmung der Preisfairness und dessen mögliche Folgen veranschaulicht. *Campbell* (1999, S. 197) zeigt, dass es eine große Bedeutung für die Preisfairness hat, welches Motiv Konsumenten hinter der Preissetzung eines Unternehmens vermuten. Die Reputation des Unternehmens hat wiederum einen Einfluss darauf, wie diese Vermutung ausfällt (Campbell, 199, S. 197). Die Arbeit von *Maxwell* (2002, S. 208 f.) widmet sich hingegen den Determinanten der Preisbestimmung. Der Autor stellt fest, dass Preissetzungsverfahren bzw. die Kenntnis des Konsumenten darüber für das Preisfairnessurteil des Nachfragers eine große Rolle spielt (Maxwell, 2002, S. 208 f.).

Trotz einer Vielzahl an Studien, die sich mit der Preisfairness auseinandersetzen, überrascht die Uneinheitlichkeit bei der Verwendung und Anwendung des Begriffs. Anscheinend existiert in diesem Forschungszweig kein einheitliches Begriffsverständnis (Fassnacht & Mahadevan, 2010, S. 299). Stattdessen werden die unterschiedlichen Definitionen und Konzeptualisierungen ihrem Forschungsziel angepasst (Fassnacht & Mahadevan, 2010, S. 299; Xia et al., 2004, S. 1). Einige Gemeinsamkeiten lassen sich aber erkennen: Ein Großteil der Definitionen der Preisfairness beschreibt ein subjektives Urteil und ist somit aus Sicht des Konsumenten formuliert (Fassnacht & Mahadevan, 2010, S. 300 f.). *Xia et al.* (2004, S. 3) definieren die wahrgenommene Preisfairness wie folgt: „[…] we define price fairness as a consumers' assessment and associated emotions of whether the difference (or lack of difference) between seller's price and the price of a comparative other party is reasonable, acceptable, or justifiable (Xia et al., 2004, S. 3)".

Die vorliegende Studie orientiert sich am Verständnis der wahrgenommenen Preisfairness von *Xia et al.* (2004), wonach sich Preisfairness durch ein subjektives Urteil charakterisieren lässt. Preisfairnessurteile basieren ferner stets auf einem Vergleich, der sich aus einer Gegenüberstellung eines Preises und/oder eines Prozesses der Preisbildung mit einem Bezugswert ergibt (Bolton et al., 2003, S. 475; Xia et al., 2004, S. 1). Ebenso können Konsumenten vergleichen, welchen Preis andere Personen, Gruppen oder Organisationen zahlen und welche Resultate, bzw. Leistungen, sie dafür erhalten (Jacob Jacoby, 1976, S. 1053; Oliver & Swan, 1989, S. 24; Xia et al., 2004, S. 1). Die Equity Theory (Adams, 1965) bildet das zentrale Instrument für die Antizipation von Fairnessurteilen. Dieser Theorie liegt die Idee zugrunde, dass Individuen erhaltene Erträge und dafür eingesetzte Aufwendungen ins Verhältnis setzen und diesbezüglich zahlenmäßige Vergleiche zu anderen Individuen anstellen. Gerechtigkeit liegt dann vor, wenn die Outcome-Input-Verhältnisse übereinstimmen (Homburg & Koschate, 2005, S. 32).

Der vorherige Abschnitt zeigt, dass ein Preisfairnessurteil i. d. R. auf einem Vergleich mit einem Bezugspreis basiert. Als wohl wichtigster Bezugswert dient der Referenzpreis, welchen Experten als zentralen Anhaltspunkt für die Einschätzung eines Konsumenten bzgl. der Attraktivität eines Preises nehmen (Janiszewski & Lichtenstein, 1999, S. 353; Kalyanaram & Winer, 1995, S. 161; Thaler, 1985, S. 205). Preise werden in diesem Zusammenhang also nicht absolut, sondern in Bezug auf diesen Referenzpreis bewertet (Monroe, 2003, S. 128–136). Divergiert ein solcher Preis vom Referenzpreis, nimmt der Nachfrager den Preis als unfair wahr (Xia et al., 2004, S. 2). In der Literatur wird zwischen einem internen und einem externen Referenzpreis unterschieden (Biswas & Blair, 1991, S. 1). Während interne Referenzpreise i. d. R. auf Erinnerungen an Preiserfahrungen aus der Vergangenheit basieren, stellen externe Referenzpreise häufig in der Kaufsituation beobachtbare Stimuli dar (Fassnacht & Mahadevan, 2010, S. 301; Kumar et al., 1998, S. 403). Ebenso können Wettbewerberpreise sowie die Kosten des Unternehmens für die Bildung von Referenzpreisen relevant sein (Bolton et al., 2003, S. 474).

Um den Begriff der wahrgenommenen Preisfairness zu präzisieren, bedarf es an dieser Stelle weiterer Erläuterungen sowie der Abgrenzung von anderen Konstrukten. *Ferguson et al.* (2014, S. 218 f.) weisen in diesem Zusammenhang darauf hin, dass sich die wahrgenommene Preisfairness bzgl. des Preisangebots als Ganzes (Outcome Fairness), als Ergebnis der Bewertung der distributiven und prozeduralen Fairness ergibt. Die distributive Fairness, auch Verteilungsgerechtigkeit genannt, bezieht sich auf den offerierten Preis im Vergleich zu einem anderen Preis, und die prozedurale Fairness, oder Verfahrensgerechtigkeit, ist das Ergebnis der Einschätzung über den Prozess der Preissetzung eines Anbieters (Diller, 2008, S. 165; Kukar-Kinney et al., 2007, S. 326; Xia et al., 2004, S. 3).

In Bezug auf den Preis gilt es ferner, die wahrgenommene Fairness und die wahrgenommene Ungerechtigkeit zu unterscheiden. Während Individuen i. d. R. schnell merken, wenn sie einen Preis als unfair empfinden, können sie häufig nicht ausdrücken, was für sie ein fairer Preis wäre (Xia et al., 2004, S. 1). Abzugrenzen ist die Preisfairness zudem von der Preiszufriedenheit, dem Preisvertrauen und der Preisehrlichkeit. Die Preiszufriedenheit bzw. -

unzufriedenheit wird durch eine Gegenüberstellung von Preiserwartungen und Preiswahrnehmungen durch den Konsumenten gebildet, wohingegen sich das Preisvertrauen auf die Erwartung des Konsumenten bezieht, dass sich das Unternehmen mit der Preissetzung nicht opportunistisch verhält. Abschließend ist mit der Preisehrlichkeit, die teilweise als Facette der Preisfairness interpretiert wird, die Wahrheit und Klarheit der Preisinformationen gemeint (Homburg & Koschate, 2005, S. 30).

Nach den ersten allgemeinen Ausführungen zur Preisfairness stellt sich als nächstes die Frage: Wann wird ein Preis vom Konsumenten als fair bzw. unfair wahrgenommen? Auch wenn insbesondere Überlegungen zum Referenzpreis erste Erklärungsansätze zu dieser Fragestellung liefern, sollen aufgrund der zentralen Bedeutung für diese Studie weitere Ergebnisse der Forschung eine Erörterung erfahren.

So zeigt es sich, dass Preiserhöhungen bspw. dann als fair empfunden werden, wenn sie von externen Faktoren bestimmt werden, die ein Unternehmen nicht beeinflussen kann (Vaidyanathan & Aggarwal, 2003, S. 456). Auch durch steigende Kosten im Unternehmen verursachte Preiserhöhungen interpretiert der Abnehmer als fair (Bolton & Alba, 2006, S. 258). Sind Preissteigerungen mit einem positiven Motiv verknüpft, welches suggeriert, dass sich das Unternehmen nicht opportunistisch verhält und den Konsumenten nicht ausnutzt (Campbell, 1999, S. 197; Monroe & Xia, 2005, S. 387–389), bewertet der Kaufinteressent sie ebenfalls als fair. Ferner akzeptiert der Konsument Preiserhöhungen immer dann, wenn diese auf Qualitätsunterschiede zurückzuführen sind (Bolton et al., 2003, S. 488). Der Effekt des unterstellten Motivs auf die Preisfairness wird wiederum durch die Reputation des Unternehmens moderiert, sodass auch diese einen indirekten Einfluss auf die Preisfairness ausübt (Campbell, 1999, S. 188).

Individuen beurteilen Preise demgegenüber als unfair wenn sie zu überdurchschnittlich hohen Profiten beim Unternehmen führen (Campbell, 1999, S. 197). Auch eine auf Ressourcenmangel und/oder einem starken Anstieg der Nachfrage beruhende Preiserhöhung stuft der Nachfrager eher als ungerecht ein. (Campbell, 1999, S. 197a; Kahneman et al., 1986b, S. 735). Ferner empfinden Konsumenten eine Preissetzung als unfair, wenn sie befürchten, vom Unternehmen ausgebeutet zu werden (Campbell, 1999, S. 188). Ebenso werden, wie im eingangs dargestellten Beispiel von Amazon.com, differenzierte Preise als unfair angesehen (Fassnacht & Mahadevan, 2010, S. 323). Für das Bilden eines Preisfairnessurteils spielt es außerdem noch eine große Rolle, wie gut die unterschiedlichen Transaktionen für den Konsumenten zu vergleichen sind. Setzen bspw. zwei ähnliche Unternehmen unterschiedliche Preise für nahezu dieselben Produkte, so wird der höhere Preis tendenziell als unfair wahrgenommen. Sind die Transaktionen jedoch nicht vergleichbar, setzt der Konsument die Preisunterschiede stärker in Verbindung mit den verschiedenartigen Anbietern bzw. Produkten (Xia et al., 2004, S. 3).

Nicht unberücksichtigt bleiben sollen zudem die Auswirkungen der wahrgenommenen Preisfairness bzw. -unfairness. Vor allem die Behavioral Pricing-Forschung bemüht sich hier um Erkenntnisfortschritte. Wie Studien in dieser Disziplin zeigen, ist der Einfluss der Preisfairnesswahrnehmung auf die Kundenzufriedenheit und die Kaufabsicht unumstritten (Campbell, 1999, S. 196; Fassnacht & Mahadevan, 2010, S. 323; Huppertz et al., 1978, S. 257; Xia et al., 2004, S. 6). *Xia et al.* (2004, S. 6) leiten die Wirkung auf die Kaufabsicht über die mediierende Wirkung der wahrgenommenen Qualität her. Die wahrgenommene Qualität ist ein Globalurteil eines Konsumenten hinsichtlich der Vorteilhaftigkeit einer Leistung. Sie kommt beim Nachfrager durch eine Gegenüberstellung dessen, was er glaubt durch einen Kauf zu erhalten und dem, was er dafür aufgibt, bspw. durch das Zahlen des Preises, zustande (Tsiotsou, 2006, S. 21; Xia et al., 2004, S. 6). Ein höherer Preis eines, bezogen auf die Leistung, durchschnittlichen Produkts resultiert als Folge in einer geringeren wahrgenommenen Qualität (Martins & Monroe, 1994, S. 77). In diesem Zusammenhang finden *Sinha & Batra* (1999, S. 247) außerdem heraus, dass ein als unfair wahrgenommener Preis das Preisbewusstsein eines Konsumenten erhöht. Dies lenkt wiederum den Fokus des Konsumenten darauf, was er für den Kauf des Gutes aufgegeben hat (Sinha & Batra, 1999, S. 247). Darüber hinaus führt ein unfairer Preis sehr häufig zu Beschwerden sowie NWOM.

Diese unterschiedlichen Reaktionen auf einen Preis lassen sich je nach Stärke klassifizieren. Auf der ersten Stufe zieht die wahrgenommene Unfairness kein konkretes Handeln nach sich, sodass der Konsument keine Veränderungen im Hinblick auf die Transaktionen mit dem Unternehmen ersinnt, einzig und allein NWOM ist für ihn denkbar, um seinem Unmut Luft zu machen. Empfindet ein Konsument seine Austauschbeziehung mit dem Unternehmen als unausgeglichen und ungerecht, so veranlasst ihn dies je nach Stärke seiner Emotion zu einer Beschwerde, einer Bitte um Rückerstattung oder NWOM, im schlimmsten Fall jedoch zur Aufgabe der Beziehung. Sind die Emotionen so stark ausgeprägt, dass der Konsument Wut verspürt, ist es für ihn nicht ausreichend, die Beziehung mit dem Unternehmen zu beenden oder sich zu beschweren. Stattdessen übt er Vergeltung aus, indem er bspw. das Unternehmen in den Medien anprangert oder zum direkten Konkurrenten wechselt, auch wenn dies für ihn eine suboptimale Wahl darstellt. Zusammenfassend hängt die Reaktion eines Konsumenten auf die wahrgenommene Preisfairness also von der Stärke der durch einen Preis verursachten Emotionen ab (Xia et al., 2004, S. 6). Diese kann sich von Individuum zu Individuum unterscheiden und bei starker Ausprägung schnell zu irrationalem Handeln führen (Maxwell, 2008, S. 501).

### 2.1.2 Über die Begriffe Marke und Brand Love

Nach *Kotler & Bliemel* (2001, S. 736) ist eine Marke „ein Name, Begriff, Zeichen, Symbol, eine Gestaltungsform oder eine Kombination aus diesen Bestandteilen zum Zwecke der Kennzeichnung der Produkte oder Dienstleistungen eines Anbieters oder einer Anbietergruppe und der Differenzierung gegenüber Konkurrenzprodukten" (Kotler & Bliemel, 2001, S. 736). Mit einem Markennamen gibt ein Unternehmen also Aufschluss über die Herkunft eines Produktes und macht es dem Abnehmer dadurch möglich, Produkte dieser Marke von Konkurrenzprodukten zu unterscheiden (Keller, 2008, S. 6; Kotler & Bliemel, 2001, S. 736). Ein Anbieter verspricht durch die Markierung folglich eine gewisse Konstanz an Produktqualität (Keller, 2008, S. 2; Kotler & Bliemel, 2001, S. 736; Wernerfelt, 1988, S. 459). Die klare Kennzeichnung der Produktherkunft, kombiniert mit dem Leistungsversprechen, sorgen dafür, dass verschiedene Risiken bzgl. der Kaufentscheidung reduziert werden – dazu zählen mitunter funktionelle, gesundheitliche, finanzielle, soziale und psychologische Risiken (Keller, 2008, S. 8). Durch die Erfahrungen, die ein Konsument mit einer Marke in der Vergangenheit gesammelt hat, weiß er genau, welche Marken ihm den gewünschten Nutzen stiften (Gardner & Levy, 1955, S. 36 f.; Keller, 2008, S. 6). Erkennt ein Konsument eine Marke wieder, so ist er sich sicher, was er von ihr erwarten kann und muss deshalb weniger Anstrengung für die Entscheidungsfindung aufwenden. Marken reduzieren also die Suchkosten. Neben diesen recht funktionellen Eigenschaften haben Marken auch einen hohen symbolischen Wert (Keller, 2008, S. 6–8). Die Attribute, die ein Konsument mit einer Marke assoziiert, überträgt er durch eine Identifikation mit ebendieser Marke auf sich selbst und kann somit seinen Status erhöhen (Willrodt, 2004, S. 19). Dadurch helfen sie ihm dabei, sein Selbstbild zu gestalten und sich so zu präsentieren, wie er von anderen oder gar von sich selbst, gesehen werden möchte (Berger & Heath, 2007, S. 132; Keller, 2008, S. 8).

Nach diesen Ausführungen über das Verständnis sowie die Funktionen von Marken, folgt nun eine genaue Herleitung des Brand Love Begriffs. Wie zuvor beschrieben, helfen Marken den Konsumenten dabei ihr Selbstbild so zu formen, wie sie es sich wünschen. Da jedes Individuum einzigartig ist, divergieren auch die jeweiligen Selbstbilder. Dies führt wiederum dazu, dass sich je nach Relevanz für die Selbstverwirklichung des Individuums auch dessen Einstellung zu einer Marke unterscheidet. Haben Marken einen höheren Stellenwert für die Identitätsbildung eines Individuums, ist auch die emotionale Bindung ihr gegenüber stärker (Carroll & Ahuvia, 2006, S. 81). Eine der möglichen emotionalen Beziehungen zu einer Marke ist die sogenannte Brand Love. Doch obwohl Brand Love ein höchst relevantes Konstrukt des Marketings darstellt, herrscht wenig Einigkeit über das konkrete Verständnis (Albert et al., 2008, S. 1062). Es gibt stattdessen verschiedene Definitionen des Begriffs, die sich zwischen einer und elf Dimensionen mit unterschiedlichsten Konzeptualisierungen bewegen (Batra et al., 2012, S. 1).

Für die vorliegende Studie findet die in der Brand Love-Forschung wohl am häufigsten zitierte Definition von *Carroll & Ahuvia* (2006, S. 81) Verwendung: „Brand love is defined as the degree of passionate emotional attachment a satisfied consumer has for a particular trade name“ (Carroll & Ahuvia, 2006, S. 81). Brand Love wird folglich durch eine starke Leidenschaft, Verbundenheit, positive Bewertung, positive Emotionen sowie „Liebeserklärungen“ gegenüber einer Marke charakterisiert (Carroll & Ahuvia, 2006, S. 81). An diesem Punkt sei jedoch klargestellt, dass Brand Love zwar eine emotionale Facette aufweist, für sich genommen jedoch keine Emotion ist. Die Emotion der Liebe bezieht sich, wie alle Emotionen, auf ein einziges, spezifisches Gefühl, welches kurzfristig und episodisch ist. Die Liebesbeziehung hingegen kann sehr langfristig und stabil sein. Darüber hinaus ist sie stärker von affektiven sowie kognitiven Erfahrungen und Handlungsweisen geprägt.

Als theoretisches Fundament dienten der Brand Love-Forschung in der frühen Phase insbesondere Modelle und Ergebnisse der zwischenmenschlichen Liebe (Batra et al., 2012, S. 1 f.). Problematisch ist dieses Vorgehen deshalb, weil interpersonelle Theorien nicht direkt auf Consumer-Brand Relationships übertragbar sind (Aggarwal, 2004, S. 89; Albert et al., 2009, S. 300; Batra et al., 2012, S. 2; Richins, 1997, S. 129). *Batra et al.* (2012, S. 2) liefern folgendes Beispiel für diese Aussage: Es existieren verschiedene Formen von Liebe, die unterschiedliche Facetten umfassen. So ist sexuelle Leidenschaft bspw. ein Merkmal von romantischer jedoch noch nicht von elterlicher Liebe. Demzufolge ist eine direkte Übertragung von

Theorien elterlicher Liebe auf romantische Liebe nicht möglich. Gleiches gilt für die Anwendung von Theorien zwischenmenschlicher Liebe auf die Brand Love (Batra et al. 2012, S. 2). Jedoch liegen auch einige Gemeinsamkeiten zwischen diesen beiden Phänomene vor (Carroll & Ahuvia, 2006, S. 80). Mittlerweile hat sich in der Brand Love-Forschung ein eigenes Messinstrumentarium etabliert, welches zum einen den interpersonalen Zusammenhang, aber auch den Zusammenhang zwischen Person und Marke zum Ausdruck bringt (Albert et al., 2009, S. 300).

In der Konsumentenverhaltensforschung werden spezielle Besitztümer („special possessions"; vgl. Csikszentmihalyi & Rochberg-Halton, 1981), das Involvement (vgl. Celsi & Olson, 1988) und Consumer-Brand Relationships (vgl. Fournier, 1998), mehr oder weniger direkt, mit Liebe in Verbindung gesetzt (Ahuvia, 2005, S. 171). (Marken-)Liebe ist jedoch von diesen Konstrukten trotz gewisser Überschneidungen und Interdependenzen abzugrenzen. Während spezielle Besitztümer auf physikalische Objekte des privaten Besitzes beschränkt sind, kann ein Nachfrager (Marken-)Liebe z. B. auch für öffentliche Güter, die Natur oder Aktivitäten empfinden. Brand Love entwickelt sich also auch bei Produkten und Erlebnissen mit Marken, die nicht im eigenen Besitz sind. Involvement und Brand Love können unabhängig voneinander auftreten. Individuen können bspw. von Dingen involviert sein, die sie hassen und ebenso Dinge lieben, von denen sie in diesem Moment nicht involviert sind. Consumer-Brand Relationships liegt ein allgemeineres Verständnis zugrunde, welches sich durch verschiedene Arten von Beziehungen äußern kann. Die Brand Love ist eine spezielle Beziehungsform (Ahuvia, 2005, S. 171) und kann deshalb als konkrete Ausprägung einer Consumer-Brand Relationship verstanden werden. Zuletzt grenzen *Carroll & Ahuvia* (2006, S. 81), basierend auf Erkenntnissen der Forschung zur zwischenmenschlichen Liebe, Brand Love vom simplen „Brand Affect" – dem „Gefallen" einer Marke – ab. Das Autorengespann greift zum einen auf die Intensität als Kriterium zur Abgrenzung zurück. Nach Auffassung der beiden Forscher ist die Liebe nicht nur intensiver, sondern weicht auch konzeptionell vom Konstrukt Brand Affect ab. So setzt Brand Love eine gewisse Integration der geliebten Marke in das Selbstbild des Konsumenten voraus, während dies beim Brand Affect nicht geschehen muss.

Nach der Abgrenzung des Kontruktes Brand Love ist nunmehr eine genaue Beschreibung der Evolution des Phänomens von seinen Ursprüngen bis zum heutigen Verständnis zweckdienlich.

Wie bereits beschrieben, orientierten sich erste Studien zur Brand Love an den Erkenntnissen von Forschungsarbeiten zur zwischenmenschlichen Liebe. Als sinnvollen Ausgangspunkt für die Herleitung sehen *Albert et al.* (2008, S. 1063) die Arbeiten von *Aron & Aron* (1986; 1996), welche Liebe als psychologischen Zustand beschreiben. Zentrales Charakteristikum der Liebe ist die Verbindung zweier Personen, die sich in einem zweistufigen Prozess äußert. Zum einen erweitern Individuen ihr Selbst, zum anderen beziehen sie das Objekt der Liebe in diesen Prozess mit ein (Albert et al., 2008, S. 1063). Erste Theorien zur zwischenmenschlichen Liebe, welche eine Vielzahl von Forschern auf Consumer-Brand Relationships übertragen, stammen von *Rubin* (1970) und *Sternberg* (1986), die das Verständnis von Liebe dadurch erweitern, dass sie Liebe als „überlegene" Form von Freundschaft ansehen (Albert et al., 2008, S. 1063). *Rubin* (1970, S. 265) definiert daher Liebe als: „[...] an attitude held by a person toward a particular other person, involving predispositions to think, feel, and behave in certain ways toward that other person" (Rubin, 1970, S. 265). *Sternberg* (1986, S. 119) schlägt hingegen die Triangular Theory of Love zum Verständnis dieses Phänomens vor. Dieser Ansatz besteht aus drei Komponenten, die in den meisten Konzeptualisierungen von Liebe auftauchen: „intimacy", „passion" und „decision/commitment". Intimacy bezieht sich auf die Nähe und Bindung zweier Personen, das glückliche Miteinander sowie die Möglichkeit, sich aufeinander zu verlassen. Mit passion ist bspw. das Liebeserlebnis, die körperliche Erregung sowie die Fürsorge gemeint. Zuletzt steht das Konstrukt decision/commitment für den kurzfristigen Entschluss jemanden zu lieben und die Absicht, diese Beziehung für eine längere Zeit aufrechtzuerhalten. Durch eine Kombination dieser drei Komponenten erhält man, in Abhängigkeit deren Vorhandenseins bzw. Fehlens, acht mögliche Formen von Liebe (Sternberg, 1986, S. 119–123).

*Shimp & Madden* (1988) entwickeln daraufhin, inspiriert von der Triangular Theory of Love, ein Modell zur Erklärung von Consumer-Object Relationships. Dieser Erklärungsansatz verzichtet auf die zwei Komponenten intimacy und passion und integriert stattdessen die Faktoren „liking" und „yearning", sodass sich folgende Bestandteile ergeben: liking, yearning und decision/commitment. Trotz der unterschiedlichen Begriffswahl deckt sich das Verständnis von liking nahezu mit dem von intimacy: es bezieht sich auf Gefühle von Nähe und Verbundenheit. Die Facette yearning divergiert hingegen etwas stärker von ihrem Gegenstück (passion) und umfasst mehr das Verlangen nach einem Objekt oder einer Marke (Shimp & Madden, 1988, S. 163 f.). Auch in diesem Fall erhält man durch Kombination der einzelnen Komponenten acht mögliche Consumer-Object Relationships, die sich in ihrer schwächsten Form

„non-liking“ bis hin zur stärksten Form „loyalty“ erstrecken (Shimp & Madden, 1988, S. 125). Die Validität des Konstrukts haben *Shimp & Madden* (1988) jedoch nicht untersucht (Albert et al., 2008, S. 1063). Diese überprüfte später *Ahuvia* (1993, 2005). Bei dem Vergleich zwischenmenschlicher Liebe mit der Liebe gegenüber einem Objekt stellt er fest, dass diese, auch wenn gewisse Unterschiede bestehen, durchaus einige Gemeinsamkeiten aufweisen (Carroll & Ahuvia, 2006, S. 80). Auch *Albert et al.* (2009, S. 305) teilen diese Ansicht. Weiterhin zieht *Ahuvia* (1993, 2005) nach Durchführung zahlreicher Studien das Fazit, dass viele Konsumenten intensive, emotionale Bindungen zu „Liebesobjekten“ haben, welche er allgemein als von Personen abweichende Dinge definiert.

Trotzdem lässt sich feststellen, dass Konsumenten in Bezug auf kommerzielle Produkte leichtfertiger mit dem Wort „Liebe“ umgehen, sodass die Liebe gegenüber Objekten oder Marken nicht gänzlich analog zu der gegenüber Menschen zu verstehen ist (Carroll & Ahuvia, 2006, S. 80 f.). Vor diesem Hintergrund sind auch die Erkenntnisse der Brand Love-Forschung über die Beziehungen zwischen Konsumenten und Marken zu sehen. Nach *Fournier* (1998, S. 363) haben Brand Relationships ein affektives Fundament, das an das Konzept zwischenmenschlicher Liebe erinnert. In ihrer Studie erörtert sie, dass Consumer-Object Relationships stark von erlebter Leidenschaft, Besessenheit sowie Abhängigkeit gegenüber bestimmten Marken charakterisiert sind. Ist eine geliebte Marke nicht mehr präsent, so löst dies ein Verlustgefühl beim Konsumenten aus (Fournier, 1998, S. 364). Auf dieser Basis argumentiert *Fournier* (1998, S. 366) weiter, dass Konsumenten viel daran liegt, ihre gegenüber Marken entwickelten Beziehungen zu erhalten. Sie schlägt zur Systematisierung dieser Beziehungen sechs Kategorien vor. Die durch Liebe und Leidenschaft charakterisierte Beziehung wird als besonders tiefgründig und langanhaltend erachtet (Fournier, 1998, S. 366). Nach *Belk* (1988, S. 147) sind Beziehungen zu Objekten und Marken jedoch nie bilateral (Mensch-Objekt), sondern weisen eine weitere Verbindung auf (Mensch-Objekt-Mensch). Diese Ansicht begründet er damit, dass das Verlangen nach einem Objekt oder einer Marke eine kompetitive Beziehung zu anderen Menschen, welche ebenfalls dieses Objekt haben möchten, widerspiegelt (Belk, 1988, S. 147). Sie haben also stets den Zweck, das Verhältnis zu anderen Personen zu beeinflussen (Miller, 2005, S. 46).

Aus diesem Literaturüberblick lassen sich wichtige Erkenntnisse für die weitere Forschung ziehen. Zum einen scheint (Marken-)Liebe ein sehr komplexes Phänomen zu sein, welches sich nicht durch eine einzige Theorie zwischenmenschlicher Beziehungen erklären lässt

(Albert et al., 2008, S. 1064). Zum anderen können Gefühle einer Marke gegenüber, auch wenn sie nicht gänzlich analog zu denen gegenüber Menschen sind, durchaus intensiver ausgeprägt sein als ein einfaches Gefallen (Carroll & Ahuvia, 2006, S. 80).

Da aufgrund der Komplexität eine „einfache" Definition des Begriffs Brand Love für das Verständnis nicht ausreicht, werden nachfolgend noch unterschiedliche Facetten dieses Konstrukts aufgezeigt. Als Grundlage für den weiteren Verlauf der Studie wird die Arbeit von *Batra et al.* (2012) herangezogen und um weitere Erkenntnisse ergänzt.

In ihrer Forschungsarbeit entwickeln *Batra et al.* (2012, S. 2) den sog. „Brand Love Prototype", also eine Liste von Attributen, die Menschen mit Liebe assoziieren. Je mehr eine Beziehung durch diese Attribute geprägt ist, desto eher empfinden Individuen ein Gefühl von Liebe (Batra et al., 2012, S. 2). Im Vergleich zu klassischen Definitionen, die ein Konstrukt klar abgrenzen, sind Prototypen eher unscharf (Shaver et al., 1987, S. 1062). Sie beinhalten nicht nur Elemente des Phänomens an sich, sondern schließen auch Vorstufen und Folgen mit ein und eignen sich somit besser für die Erklärung eines derart komplexen Konstrukts (Batra et al., 2012, S. 2 f.; Fehr & Russell, 1991, S. 425). Als erstes Kennzeichen des Brand Love Prototypes gilt die hohe Produktqualität einer Marke. Im Gegensatz zur zwischenmenschlichen Liebe ist die Brand Love i. d. R. nicht bedingungslos. Geliebte Marken werden dafür angepriesen, dass sie aus Sicht des Individuums die beste Alternative des Marktes sind. Auch wenn dies häufig mit einem hohen Preis einhergeht, wird er häufig verziehen und als gerechtfertigt angesehen, sodass die Zufriedenheit der Konsumenten davon unberührt bleibt (Batra et al., 2012, S. 4). Marken werden weiterhin eher geliebt, wenn sie eine tiefergehende Bedeutung haben, die mit den Werten des Abnehmers harmonieren (Batra et al., 2012, S. 4; Richins, 1994, S. 517). Ein Beispiel dafür ist das Unternehmen Apple, das für Kreativität und Selbstverwirklichung steht. Intrinsische Belohnungen bilden eine weitere Komponente dieses Prototyps. Nutzt oder konsumiert ein Mensch eine geliebte Marke, löst dies Glückgefühle bei ihm aus. Auch aus diesem Grund sind solche Marken mit einem positiven Affekt verknüpft. Eine weitere Facette des Brand Love Prototyps ist die Bedeutung einer Marke für die Selbstidentität eines Konsumenten (Albert et al., 2008, S. 1071; Batra et al., 2012, S. 4).

Konsumenten identifizieren sich sehr stark mit den Dingen, die sie lieben, da diese ihnen dabei helfen, sich zu vergegenwärtigen, wer sie sind, und sich so zu offenbaren, wie sie sind bzw. wie sie sein möchten (Ahuvia, 2005, S. 180; Belk, 1988, S. 160; Escalas & Bettman,

2005, S. 378). Bei der großen Anzahl von Gegenständen, die ein Konsument in seinem Leben kauft und verbraucht, haben die wenigen Dinge, die von ihm geliebt werden, eine zentrale Bedeutung für dessen Selbstbild. Aus diesem Grund spricht man in diesem Fall auch häufig von einer Erweiterung des Selbst (Ahuvia, 2005, S. 182). Das leidenschaftliche Verlangen und das Gefühl, dass die Marke perfekt zu einem passt, auch „natural fit" genannt, stellen eine weitere Komponente der Brand Love dar (Albert et al., 2008, S. 1071; Batra et al., 2012, S. 4). Ein Element, welches eng mit dem natural fit zusammenhängt, ist die emotionale Bindung zu einer Marke und der Kummer darüber, wenn diese verloren geht (Batra et al., 2012, S. 4). Eine emotionale Bindung gegenüber der Marke sowie insbesondere das Verlangen, diese Bindung aufrechtzuerhalten, wird als wichtiger Teil von Brand Love gesehen (Batra et al., 2012, S. 4; Thomson et al., 2005, S. 78). Verliert ein Individuum etwas Geliebtes oder antizipiert es dies auch nur, verspürt es Trennungsstress (Hazan & Shaver, 1994, S. 5; Thomson et al., 2005, S. 78; Whan Park et al., 2010, S. 4). Um diesen Verlust zu verhindern, sind Konsumenten eher dazu bereit, ein höheres Maß an Energie und Kapital in die Beziehung zur präferierten Marke zu stecken (Batra et al., 2012, S. 4; Thomson et al., 2005, S. 79). Außerdem hängt Brand Love i. d. R. auch damit zusammen, dass ein Konsument die Marke schon eine längere Zeit regelmäßig nutzt und häufig über sie nachdenkt (Albert et al., 2008, S. 1071; Batra et al., 2012, S. 4). Auffällig ist, dass es auch in Bezug auf die Komponenten von Brand Love zwar einige Überschneidungen, jedoch keine Einigkeit gibt. So verzichten *Albert et al.* (2008, S. 1071) auf einige der oben genannten Bestandteile und inkludieren bspw. Träume, Einzigartigkeit, Schönheit und Vertrauen. Für die vorliegende Studie ist jedoch das Modell von *Batra et al.* (2012) von besonderer Relevanz, da es einen großen Anklang in der Literatur findet.

Um das bisher vorliegende Wissen über das Konstrukt Brand Love zu vervollständigen, erfolgt in diesem Kapitel zuletzt noch eine Darstellung der Folgen dieses Konstrukts. Das Gefühl der Liebe führt bei einem Individuum zu einem positiv verzerrten Bild gegenüber dem geliebten Objekt (Fournier, 1998, S. 364; Murray et al., 1996, S. 79) – in diesem Fall der Marke. Als Folge wird ebendieser Marke ein mögliches Fehlverhalten oder Produktversagen mit einer deutlich höheren Wahrscheinlichkeit nachgesehen (Wallace et al., 2014, S. 35). Ebenso bauen Konsumenten eine gewisse Widerstandsfähigkeit gegenüber negativen Informationen über die Marke auf (Batra et al., 2012, S. 10 f.). Weiterhin haben eine Vielzahl von Studien zum Ergebnis, dass Brand Love eine relevante Ursache von PWOM ist (vgl. Albert et al., 2009, S. 306; Batra et al., 2012, S. 10 f.; Bergkvist & Bech-Larsen, 2010, S. 514; Carroll

& Ahuvia, 2006, S. 86). *Matzler et al.* (2007, S. 28) gehen sogar noch einen Schritt weiter und zeigen einen positiven Zusammenhang zwischen einer leidenschaftlichen Beziehung zu einer Marke und „Evangelismus". Evangelismus wird in diesem Zusammenhang als aktivere, engagiertere Art und Weise verstanden für seine Lieblingsmarke einzutreten und andere Menschen von ihrer Qualität zu überzeugen (Matzler et al., 2007, S. 27). Das Konstrukt entfaltet also gegenüber über der PWOM eine größere Wirkkraft (Wallace et al., 2014, S. 35). Liebt ein Konsument eine Marke, baut er ihr gegenüber Vertrauen auf und bleibt ihr treu (Albert et al., 2009, S. 306; Batra et al., 2012, S. 10 f.). Dies führt sogar dazu, dass er bereit ist für diese Marke einen deutlich höheren Preis als für vergleichbare Produkte der Konkurrenz zu bezahlen (Batra et al., 2012, S. 10 f.). Weitere Studien weisen einen positiven Einfluss der Markenliebe auf die Kaufabsicht eines Konsumenten nach (Fetscherin, 2014, S. 435; Kudeshia et al., 2016, S. 266; Pawle & Cooper, 2006, S. 47).

### 2.1.3 Der Begriff Word-of-Mouth

Ein Blick in die Forschung über WOM macht schnell deutlich, dass es auch hier eine große Anzahl an Definitionen gibt. Am häufigsten finden jedoch die Begriffsbestimmungen von *Arndt* (1967b) und *Westbrook* (1987) Verwendung. Diese Wortbedeutung bildet somit die konzeptionelle Basis für eine Vielzahl von nachfolgenden Studien (de Matos & Rossi, 2008, S. 578). *Arndt* (1967b, S. 195) definiert WOM als „[...] oral, person-to-person communication between a perceived non-commercial communicator and a receiver concerning a brand, a product, or a service [...]" (Arndt, 1967b, S. 195). Die Auslegung beinhaltet im Wesentlichen folgende Aspekte: eine persönliche, mündliche sowie nicht-kommerzielle Übertragung von Informationen über ein Produkt, eine Marke oder eine Dienstleistung (Lis & Korchmar, 2013, S. 6). In diesem Sinne kommt der Begriff WOM auch in der vorliegenden Studie zum Einsatz. Nach *Westbrook* (1987, S. 261) ist WOM als „[...] informal communication directed at other consumers about ownership, or characteristics of particular goods and services and/ or their sellers" zu verstehen (Westbrook, 1987, S. 261). Beide Definitionen weisen Überschneidungen auf (Lis & Korchmar, 2013, S. 6), wobei aus letzterer noch deutlicher hervorgeht, dass WOM i. d. R. zwischen einem tatsächlichen und einem potentiellen Konsumenten stattfindet. Diese beiden Definitionen werden oftmalig entweder direkt übernommen oder die neu gebildeten Konkretisierungen ähneln ihnen stark – im Kern geht es zumeist um persönliche, informelle Übermittlung von Informationen über Produkte und/oder Dienstleistungen (vgl. Baker et al., 2016; Buttle, 1998; Derbaix & Vanhamme, 2003; East et al., 2008; Harrison-Walker, 2001; Park & Kim, 2008, S. 399).

Doch es gibt Präzisierungen, die noch einen Schritt weitergehen: So berücksichtigen *File et al.* (1992, S. 12) auch den Austausch mit Unternehmen bei der Definition von WOM. Obwohl man also einige Überschneidungen erkennen kann, lässt sich zusammenfassend festhalten, dass es auch bzgl. dieses Konstrukts keine einheitliche Definition gibt (Lis & Korchmar, 2013, S. 6). Die bisherige WOM-Forschung hat sich insbesondere auf die Untersuchung der Konsequenzen von Mundpropaganda konzentriert und dadurch die Vorteilhaftigkeit dieses Phänomens zum Ausdruck gebracht (Berger & Schwartz, 2011, S. 870; Harrison-Walker, 2001, S. 61). Ein weiteres Charakteristikum der Mundpropagandaforschung ist, dass selbst bei einem gleichen Verständnis von WOM die genaue Auslegung aufgrund konzeptioneller Diskrepanzen divergieren kann. So unterscheiden *Berger & Schwartz* (2011, S. 870 f.) bspw. zwischen unmittelbarem und anhaltendem WOM: Ersteres findet direkt nach der Kenntnisnahme über ein Produkt (bzw. der Erfahrung mit diesem) statt und Letzteres bezieht sich auf die Zeitspanne danach – also Wochen und Monate später. Sie untersuchen also nicht nur, wie und warum WOM entsteht, sondern auch wann und wie lange es anhält. Das Autorengespannt kann daher als Fazit ihrer empirischen Arbeit festhalten, dass neuartige und interessante Produkte zwar ein höheres Maß an unmittelbarer Mundpropaganda zur Folge haben, Produkte, die häufig in der Öffentlichkeit zu sehen sind, jedoch für nachhaltigeres WOM sorgen (Berger & Schwarz, 2011, S. 871).

Weiterhin unterscheidet *Dichter* (1966, S. 148) zwischen den WOM-Aktivitäten vor und nach einem Kauf. Die wohl wichtigste Unterscheidung in der Forschung gibt es zwischen der Menge und der Valenz von WOM (de Matos & Rossi, 2008, S. 583; Moldovan et al., 2011, S. 109). Während sich die erste Konzeptualisierung darauf bezieht, wie oft Mundpropaganda stattfindet, wie vielen Personen über eine Konsumerfahrung berichtet wird und mit welchem Informationsumfang dies geschieht, bezieht sich die zweite auf die Wertigkeit dessen und kann somit positiv, negativ oder neutral ausgeprägt sein (de Matos & Rossi, 2008, S. 583). In diesem Zusammenhang unterscheiden eine Vielzahl von Arbeiten insbesondere zwischen PWOM und NWOM (vgl. Arndt, 1967a; Baker et al., 2016; Buttle, 1998; East et al., 2008; Moldovan et al., 2011; Richins, 1983).

Die Mehrheit der Forschungsarbeiten suggeriert, dass NWOM einen größeren Effekt auf die Folgen von Mundpropaganda habe als PWOM (vgl. Chevalier & Mayzlin, 2006, S. 346; Fiske, 1980, S. 904; Mizerski, 1982, S. 308). Dafür liegen unterschiedliche Begründungen vor: *Baker et al.* (2016, S. 227) dient bspw. die Arbeit von *Tversky & Kahneman* (1991) zur Begründung der Bedeutung von NWOM im Vergleich zu PWOM. Die Überlegungen von *Tversky & Kahneman* (1991) zu Grunde gelegt, verarbeiten Individuen negative Informationen (über eine Marke) als Verlust, die mehr ins Gewicht fallen als Gewinne. *Fiske* (1980, S. 904) hingegen begründet den größeren Einfluss von NWOM damit, dass negative Informationen i. d. R. seltener und damit hilfreicher seien; positive Informationen deckten sich im Gegensatz dazu häufig mit den Vermutungen des Konsumenten.

Die Studie von *East et al.* (2008, S. 222) kommt allerdings zu einem gegensätzlichen Ergebnis und impliziert, dass PWOM einen größeren Effekt hat. Weiterhin verstehen sie PWOM und NWOM als ähnliche Konstrukte, welche sich im Wesentlichen durch ihren gegensätzlichen Einfluss auf die Nachwirkungen unterschieden (East et al., 2008, S. 216). Anders sehen es *de Matos & Rossi* (2008, S. 585): Die Faktoren, die der Mundpropaganda vorgeschaltet sind, haben einen unterschiedlich starken Einfluss und deshalb unterscheiden sich auch die beiden Konstrukte. PWOM sei stärker durch eine rationale sowie bewertende Komponente geprägt und daher eher ein kognitives Konstrukt. NWOM sei dagegen durch unmittelbare, emotionale Reaktionen charakterisiert und würde stärker mit konkreten Verhaltensweisen in Beziehung gesetzt (de Matos & Rossi, 2008, S. 585; Sweeney et al., 2005, S. 335).

In der Literatur gibt es eine Vielzahl von Faktoren, die bei der Entstehung von WOM eine Rolle spielen können. Diese lassen sich i. d. R. entweder dem WOM-Sender, dem Empfänger, der Beziehung zum Unternehmen oder dem Produkt zuordnen. Bevor die einzelnen Faktoren dargestellt werden, ist festzuhalten, dass es stets einen Grund dafür gibt, weshalb Individuen Mundpropaganda betreiben. Individuen neigen nur dann zum WOM, wenn es ihnen auch einen gewissen Nutzen stiftet (Dichter, 1966, S. 148). In der Tiefe wird der mögliche Nutzen von WOM für den Sender einer Botschaft in *Kapitel 2.2.2* behandelt.

Nach *Dichter* (1966, S. 148–152) gibt es für eine Person vier Gründe Mundpropaganda zu betreiben: „product-“, „self-“, „other-“ and „message-involvement“. Das product-involvement stellt eine Art Verarbeitungsprozess dar, bei welchem dem Mitteilungsbedürfnis über gemachten Produkterfahrungen nachgegeben wird (Dichter, 1966, S. 148). Bei dem self-involvement dient WOM dem Zweck der Selbstbestätigung, wozu bspw. Aufmerksamkeit, sozialer Status oder die Beseitigung eigener Zweifel zählen (Dichter, 1966, S. 150; Gatignon & Robertson, 1986, S. 534). Das other-involvement basiert hingegen auf eher selbstlosen Motivationen. Hierbei geht es dem Individuum in erster Linie darum, einer anderen Person durch seine Ratschläge zu helfen und gemeinsame Erfahrungen zu teilen (Dichter, 1966, S. 148; Sundaram et al., 1998, S. 530). Die Basis für das message-involvement stellt nicht eine tatsächliche Produkterfahrung, sondern vielmehr das durch Marketingmaßnahmen generierte Wissen bzw. das Erleben dieser Marketingmaßnahmen dar. Im Fokus steht somit stärker, wie ein Unternehmen seine Produkte in der Öffentlichkeit präsentiert oder durch Werbebotschaften positioniert und was ein Konsument darüber denkt (Dichter, 1966, S. 148). Diese vier genannten Motive für Mundpropaganda beziehen sich nur auf den Sender. Es ist jedoch ebenso möglich, dass WOM vom Empfänger ausgelöst wird (Lis & Korchmar, 2013, S. 8). Wenn bspw. die Produkt- oder Markenwahl mit einem hohen wahrgenommenen Risiko verbunden ist, ist es äußerst wahrscheinlich, dass eine Person aktiv versucht durch WOM weitere Informationen zu erhalten, um selbiges zu reduzieren (Arndt, 1967a, S. 294).

Einer der Faktoren, welcher nicht direkt dem WOM-Sender zugeordnet werden kann, ist die Überraschung (Derbaix & Vanhamme, 2003, S. 104 f.). Hergeleitet wird dieses Element mit Hilfe der Arbeiten über das „social sharing of emotions" von *Rimé et al.* (1991, 1992). Demnach haben Individuen einen großen Drang, emotionale Erfahrungen möglichst unmittelbar mit anderen Individuen zu teilen und behalten deshalb nur einen ganz geringen Anteil an emotionalen Erlebnissen für sich (Rimé et al., 1991, S. 441, 1992, S. 230). Wie groß dieser Mitteilungsdrang ausfällt, hängt insbesondere davon ab, wie disruptiv bzw. überraschend ein Ereignis ist (Derbaix & Vanhamme, 2003, S. 104; Rimé et al., 1991, S. 462). Aus diesem Grund sollte der Grad an Überraschung eines Vorkommnisses den Umfang von WOM positiv beeinflussen (Derbaix & Vanhamme, 2003, S. 105).

In einer ähnlichen Weise spielt es eine große Rolle, wie interessant ein Ereignis, ein Produkt oder eine Marke ist. Denn Menschen möchten auch durch ihre Aussagen erreichen, dass Andere gut über sie denken bzw. dadurch ihren sozialen Status steigern, und dafür ist es deutlich zweckmäßiger über interessante Dinge zu berichten. Doch auch weniger interessante Themen können häufig Basis eines Gesprächs sein, Grund dafür ist die Verfügbarkeit der Informationen. Es fällt nämlich auf, dass häufig sehr banale Themen wie z. B. das Wetter oder das Mittagessen den Inhalt eines Gesprächs ausmachen. Dies liegt daran, dass solche Informationen sehr leicht abrufbar sind (Berger & Schwartz, 2011, S. 870 f.).

Ferner wird ein positiver Zusammenhang sowohl zwischen der wahrgenommenen Qualität und WOM als auch zwischen dem wahrgenommenen Wert und WOM vermutet (de Matos &

Rossi, 2008, S. 581 f.; Hartline & Jones, 1996, S. 212). Unter wahrgenommenem Wert wird das Gesamturteil eines Konsumenten hinsichtlich der Relation von Aufwand und Ertrag für den Erhalt eines Produktes verstanden (Zeithaml, 1988, S. 14). Auch die Kundenzufriedenheit hat einen großen Einfluss auf die Mundpropaganda (de Matos & Rossi, 2008, S. 580; Söderlund, 1998, S. 182 f.). Dafür gibt es zwei mögliche Ursachen. Zum einen möchte ein Konsument anderen Personen von seinen positiven Erfahrungen berichten (de Matos & Rossi, 2008, S. 580). Werden hingegen die Erwartungen nicht erfüllt, hat der Konsument das Verlangen, seinem Ärger Luft zu machen und sich zu rächen bzw. andere Konsumenten vor dieser Marke zu warnen (Anderson, 1998, S. 7; Richins, 1984, S. 697; Sweeney et al., 2005, S. 333). Weitere Konstrukte mit einem Einfluss auf WOM sind Commitment, Loyalität und Vertrauen (de Matos & Rossi, 2008, S. 579–582; Dick & Basu, 1994, S. 107; Gremler et al., 2001, S. 52 f.; Ranaweera & Prabhu, 2003, S. 89).

Nach *de Matos & Rossi* (2008, S. 591) hat davon das Commitment den größten Einfluss auf WOM. Mit Commitment ist in diesem Zusammenhang das anhaltende Verlangen nach der Aufrechterhaltung einer wertgeschätzten Beziehung gemeint (Moorman et al., 1992, S. 316). Hat ein Konsument einer Marke gegenüber eine hohe Loyalität aufgebaut, so ist davon auszugehen, dass er auch positiv über diese Marke spricht (Dick & Basu, 1994, S. 107). Ähnlich verhält es sich mit dem Vertrauen: Personen zögern WOM zu betreiben, wenn sie ein erhöhtes Risiko verspüren, dass ihre Informationen falsch sein könnten (Mazzarol et al., 2007, S. 1486–1488). Ein durch positive Erfahrungen aus der Vergangenheit aufgebautes Vertrauen in eine Marke reduziert dieses Risiko (Arndt, 1967a, S. 294).

Nach der Definition des WOM-Konstrukts, einem Überblick über die Forschung sowie einer Erläuterung der Ursachen folgt nun noch eine Darstellung möglicher Auswirkungen. Wie in der Einleitung bereits erwähnt, haben interpersonelle Einflüsse (wie WOM) ein deutlich höheres Gewicht bei der Entscheidungsfindung als traditionelle Kommunikationsinstrumente (Dichter, 1966, S. 166; Gremler, 1994, S. 64; Harrison-Walker, 2001, S. 62; Kiel & Layton, 1981, S. 233; Lis & Korchmar, 2013, S. 7). WOM beeinflusst die Konsumenten bspw. in ihrer Produkt- bzw. Markenwahl (Leskovec et al., 2007, S. 1) oder gar bei der Wahl eines Restaurants (Godes & Mayzlin, 2009, S. 725–728) und hat deshalb ein immenses Potential für die Neukundenakquise (Trusov et al., 2009, S. 98). Anders ausgedrückt, hat WOM einen großen Einfluss auf die Kaufabsicht eines Konsumenten (Baker et al., 2016, S. 235). Somit kann PWOM den Diffusionsprozess von innovativen Produkten enorm vorantreiben, während

NWOM gegensätzliche Auswirkungen hat (East et al., 2008, S. 215; Moldovan et al., 2011, S. 118). *Derbaix & Vanhamme* (2003, S. 100) sehen folgende Gründe für die Kraft der Mundpropaganda. Da Individuen häufig WOM von Menschen erhalten, die ihnen mehr oder weniger nahestehen, ist diese Art der Informationen deutlich glaubwürdiger als Werbebotschaften von Unternehmen. Außerdem beschreibt der Informationsfluss bei WOM i. d. R. einen bilateralen Austauschprozess, weshalb es sich hierbei – ebenfalls im Vergleich zur Werbung – um eine „wahrhaftige" Form der Kommunikation handelt (Derbaix & Vanhamme, 2003, S. 100).

Die Stärke dieser Effekte hängt wiederum von einer Vielzahl von Faktoren ab. So spielen laut *East et al.* (2008, S. 217 f.) u. a. der Handlungsspielraum des WOM-Empfängers, die Erwünschtheit der Informationen, die Stärke des Ausdrucks sowie demografische Faktoren des Senders (wie Alter oder Geschlecht) eine Rolle. Darüber hinaus ist das Verhältnis des Konsumenten gegenüber der Marke, welche Thema der Mundpropaganda ist, entscheidend (Ahluwalia et al., 2000, S. 204). Schließlich suggerieren einige Studien noch einen unterschiedlich starken Einfluss von WOM je nach Nähe des Empfängers zum Sender (Baker et al., 2016, S. 228; East et al., 2008, S. 217).

### 2.1.4 Der Begriff Consumer Innovativeness

Innovatoren lassen sich als eine schwer greifbare Gruppe von Konsumenten verstehen, die eine wichtige Rolle für den Diffusionsprozess von Innovationen spielen (Clark & Goldsmith, 2006, S. 34; Im et al., 2003, S. 61). *Goldsmith & Hofacker* (1991, S. 211) fassen bei ihrer Literaturrecherche folgende Erkenntnisse bzgl. dieser Gruppe zusammen. Sie sind die ersten, die neue Produkte kaufen. Innovatoren haben ein größeres Interesse an einem und somit auch Wissen über einen bestimmten Produktbereich. Ferner besitzen sie mehr Produkte ihres Interessengebietes und sprechen außerdem mehr darüber. Die wohl bekannteste Definition von Innovativeness stammt von *Rogers* (2003, S. 22): „Innovativeness is the degree to which an individual or other unit of adoption is relatively earlier in adopting new ideas than the other members of a system" (Rogers, 2003, S. 22). Doch obwohl diese Definition so verbreitet ist, wird ebenso häufig auf ihre zentrale Limitation hingewiesen. Für *Rogers* fungiert die operative Messung tatsächlicher Innovativeness, also die Zeit, die verstreicht, bis ein Individuum eine Innovation adoptiert, als Bezugspunkt (Midgley & Dowling, 1978, S. 230). Eine solche Messung ist jedoch sehr anfällig für Fehler bei der Umsetzung (Hirschman, 1980, S. 284). Demgegenüber besteht nach *Hirschman* (1980, S. 284) eine konzeptionelle Stärke der Arbeit von *Rogers* in der Verbindung von Innovativeness und Innovation bzw. in der Stimmigkeit dieser beiden Begrifflichkeiten.

Eine weitere zentrale Konzeptualisierung von Consumer Innovativeness wurde nach einer Literaturrecherche von *Midgley & Dowling* (1978, S. 236) entwickelt. Sie präzisieren den Begriff als „the degree to which an individual is receptive to new ideas and makes innovation decisions independently of the communicated experience of others“ (Midgley & Dowling, 1978, S. 236). In diesem Fall wird Innovativeness als Persönlichkeitsmerkmal verstanden, welches bei einem Individuum entweder stärker oder schwächer ausgeprägt sein kann, und beschreibt somit eine Art Kontinuum (Hirschman, 1980, S. 284). Auch wenn einige andere Forscher die Consumer Innovativeness als latentes Persönlichkeitskonstrukt verstehen (Aroean & Michaelidou, 2014, S. 248; Arts et al., 2011, S. 136; Im et al., 2007, S. 64), herrscht in diesem Fall kein klarer Konsens bzgl. der Definition und somit auch der Bedeutung des Konstrukts (Roehrich, 2004, S. 671–673). So wird Innovativeness bspw. sehr häufig mit der Suche nach Neuheiten – auch „Novelty Seeking“ genannt – gleichgesetzt, als Neigung für den Kauf neuer Produkte verstanden, oder aber durch die Unabhängigkeit bei der Entscheidung über Innovationen charakterisiert (Roehrich, 2004, S. 673).

Darüber hinaus wird Consumer Innovativeness auch in ihrem Umfang unterschiedlich interpretiert. In diesem Zusammenhang lassen sich globale und produkt- bzw. bereichsspezifische Innovativeness voneinander unterscheiden (vgl. Gatignon & Robertson, 1985, S. 861; Goldsmith & Foxall, 2003, S. 324 f.; Goldsmith & Hofacker, 1991, S. 211; Midgley & Dowling, 1978, S. 238). Die bereichsspezifische Innovativeness („domain-specific Innovativeness“) suggeriert, dass ein Individuum nur in Bezug auf ein bestimmtes Interessengebiet innovativ ist und widerspricht somit der Existenz eines globalen Innovativeness-Konstrukts (Gatignon & Robertson, 1985, S. 861). Diesem Verständnis folgt auch die vorliegende Studie.

Ein weiterer Streitpunkt in der Forschung ist der Zusammenhang zwischen der Innovativeness als Persönlichkeitsmerkmal und dem Kauf neuer Produkte. Während einige Arbeiten einen positiven Zusammenhang für wahrscheinlich halten (Midgley & Dowling, 1978, S. 240, 1993, S. 612 f.), schließen ihn andere hingegen aus (Goldsmith et al., 1995, S. 609; Im et al., 2007, S. 65).

Nachdem das Konstrukt Innovativeness definiert und ein erster Überblick über den Stand der Forschung gegeben wurde, folgt nun eine Darstellung wichtiger Persönlichkeitsmerkmale von Innovatoren. Ein erstes wichtiges Charakteristikum von innovativen Konsumenten ist die bereits erwähnte Unabhängigkeit in ihrer Entscheidungsfindung, insbesondere hinsichtlich des Kaufs neuer Produkte (Aroean & Michaelidou, 2014, S. 248; Clark & Goldsmith, 2006, S. 40; Midgley & Dowling, 1978, S. 234). Dies ist enorm wichtig für den Diffusionsprozess eines innovativen Produkts, da in frühen Phasen des Produktlebenszyklus ein hohes Maß an Ungewissheit herrscht. Innovatoren entscheiden sich zwar für ein solches Gut ohne sich vorab Informationen von anderen Nutzern einzuholen, teilen diese Informationen dann jedoch mit anderen Menschen und treiben somit dem Diffusionsprozess voran (Midgley & Dowling, 1978, S. 234). In diesem Zusammenhang sprechen Forscher häufig von „Opinion Leadership" (Baumgarten, 1975, S. 12; Flynn et al., 1996, S. 138; Grewal et al., 2000, S. 235; Rogers & Cartano, 1962, S. 435; Ruvio & Shoham, 2007, S. 704; Summers, 1971, S. 313). Opinion Leaders haben einen großen Einfluss auf die Entscheidungen anderer Individuen und werden von ihnen häufig um Rat in Bezug auf (neue) Produkte gebeten (Grewal et al., 2000, S. 236; Rogers & Cartano, 1962, S. 435). Die beiden Konstrukte Opinion Leadership und Innovativeness sind allerdings klar voneinander abzugrenzen: Innovatoren können, müssen aber keine Opinion Leaders sein (Summers, 1971, S. 313).

Eine weitere Eigenschaft von innovativen Konsumenten ist das bereits erwähnte Novelty Seeking, das bei ihnen stärker ausgeprägt ist. Damit ist zum einen gemeint, dass ein Individuum stark nach neuen, diskrepanten Informationen sucht und zum anderen bspw. auch in seiner Markenwahl zu variieren bereit ist (Hirschman, 1980, S. 284–286). Nach *Hirschman* (1980, S. 285) wird bei einer näheren Betrachtung von Innovativeness und Novelty Seeking schnell deutlich, dass diese eng miteinander verbunden sind. Der Drang neue Informationen zu erhalten ist stark mit der Neigung neue Produkte zu akquirieren verwoben. Umgekehrt bedingt die Absicht ein neues Produkt zu erwerben automatisch die Absicht, neue Informationen zu generieren. Dennoch sind auch diese beiden Konstrukte klar voneinander abzugrenzen, da ein Individuum den Drang nach neuen Informationen haben kann, ohne diese tatsächlich zu erhalten oder durch einen Produktkauf zu erwerben (Hirschman, 1980, S. 285).

Weiterhin weisen innovative im Vergleich zu weniger innovativen Konsumenten eine höhere Preis-Prestige-Sensitivität auf (Aroean & Michaelidou, 2014, S. 256). Mit Preis-Prestige-Sensitivität ist die Vermutung gemeint, dass der Kauf teurer Produkte positive Erfahrungen nach sich zieht und andere Personen beeindruckt (Lichtenstein et al., 1993, S. 236). Dies leuchtet insbesondere bei innovativen Produkten ein, da der Preis in diesem Fall aufgrund des Mangels an Informationen die einzige Prestige- und Informationsbasis darstellt (Aroean & Michaelidou, 2014, S. 260).

Als weitere Attribute von Innovatoren sehen *Grewal et al.* (2000, S. 237 f.) die Expertise und das Involvement. Die Expertise bezieht sich auf die Fähigkeit eines Konsumenten, produktbezogene Aufgaben erfolgreich zu bewältigen (Alba & Hutchinson, 1987, S. 411). Da Experten einer bestimmten Produktgruppe diese besser verstehen, ist das wahrgenommene Risiko einer Innovation in diesem Bereich geringer ausgeprägt als bei unerfahrenen Konsumenten. Aus diesem Grund wird Expertise als Vorstufe bzw. Bestandteil von Consumer Innovativeness gesehen (Grewal et al., 2000, S. 237). Nach einer Zusammenfassung verschiedener Studien versteht *Bloch* (1981, S. 61 f.) das Involvement als langfristiges Interesse an einem bestimmten Thema/Gebiet und als wichtigen Faktor für die Definition des Selbst. Wie involviert eine Person durch ein Produkt ist, hängt stark von der persönlichen Relevanz des Produkts für diese Person ab (Celsi & Olson, 1988, S. 211). Wenn ein Konsument bspw. durch eine bestimme Produktkategorie stark involviert ist, so generiert er immer mehr Wissen über diese Kategorie. Aus diesem Grund wird Involvement als Vorstufe von Expertise sowie Innovativeness gesehen (Grewal et al., 2000, S. 238).

Neben der individuellen Innovativeness der Nachfrager spielt für das Verständnis der Akzeptanz eines Neuproduktes auch das Wissen über den Diffusionsprozess einer neuen Leistung eine große Rolle. Prägend für den Erkenntnisfortschritt über den Diffusionsverlauf von Produkten sind die Überlegungen von *Rogers* (1958, 1962). Die von *Rogers* definierte Einteilung sowie insbesondere die Charakterisierung von Konsumenten anhand ihrer Innovativeness spielt auch für die vorliegende Studie eine wichtige Rolle. Deshalb sollen die Gedankengänge von *Rogers* in diesem Abschnitt eine kurze Erörterung erfahren.

Da zum Entstehungszeitpunkt der Studien von *Rogers* (1958, 1962) eine Vielzahl von Bezeichnungen für die Gruppen unterschiedlich innovativer Konsumenten im Umlauf war, hielt er eine Standardisierung für notwendig. Er entwickelte daraufhin die Diffusionstheorie und untergliederte die Konsumenten in Abhängigkeit ihrer Innovativeness in unterschiedliche Kategorien. Die Diffusion von Innovationen beschreibt je nach Darstellung (kumuliert oder absolut) eine S-Kurve oder eine Glockenform. Grund dafür ist die Normalverteilung menschlicher Charakterzüge – und somit auch der Consumer Innovativeness. Kommt eine Innovation auf den Markt, wissen nur wenige Personen darüber Bescheid und geben Informationen darüber weiter. Die Empfänger teilen dann diese Informationen wiederum mit anderen Interessenten, wodurch ein exponentielles Wachstum entsteht. Wenn mehr und mehr Menschen Kenntnis über eine Innovation haben bzw. diese tatsächlich besitzen, wird es immer schwieriger eine unwissende Person zu finden, das Wachstum nimmt also ab. Dieser Idealverlauf gilt allerdings nur für erfolgreiche Innovationen (Rogers, 2003, S. 272–275). *Rogers* (2003, S. 280 f.) teilt die Konsumenten je nachdem, wann sie eine Innovation übernehmen, in fünf sich gegenseitig ausschließende Gruppen ein: „Innovators" (2,5%), „Early Adopters" (13,5%), „Early Majority" (34%), „Late Majority" (34%) und „Laggards" (16%).

Diesen unterschiedlichen Gruppen spricht er verschiedene Eigenschaften zu. So wird die erste Gruppe, bestehend aus den Innovators, als riskant und waghalsig beschrieben. Sie sind sehr gut mit anderen Innovatoren vernetzt, verfügen über höhere finanzielle Ressourcen und haben die Fähigkeit kompliziertes, technologisches Wissen zu generieren und anzuwenden. Weiterhin können sie gut mit Rückschlägen umgehen, falls eine Innovation versagt. Da sie eine sehr kleine Avantgarde darstellen, werden sie nicht zwangsläufig von der restlichen Gesellschaft akzeptiert. Dennoch haben sie eine enorm wichtige Rolle für den Diffusionsprozess einer Innovation inne, da sie neue Ideen und Produkte in eine Gesellschaft tragen und dort verbreiten (Rogers, 2003, S. 282 f.). Die Individuen der zweiten Gruppe werden als Early Adopters bezeichnet. Sie sind besser in die Gesellschaft integriert und verfügen aus diesem Grund über das höchste Maß an Opinion Leadership, d. h. potenzielle Nutzer von Innovationen bitten diese Gruppe um Rat. Infolgedessen haben sie eine zentrale Position im Kommunikationsnetzwerk der Gesellschaft und verringern durch die Nutzung die Unsicherheit von Innovationen. Ein Early Adopter fungiert quasi als eine Art Vorbild und hilft dabei, die kritische Masse für die erfolgreiche Diffusion einer Innovation zu generieren (Rogers, 2003, S. 283). Die Early Majority handelt eher bedächtig. Dieser Personenkreis steht im regen Austausch mit Gleichgesinnten, ohne aber als Opinion Leaders zu fungieren (Rogers, 2003, S. 283). Die nächste Gruppe ist Neuerungen gegenüber eher skeptisch eingestellt und adoptiert eine Innovation daher überdurchschnittlich spät. Grund für die Nutzung einer Innovation ist häufig eine ökonomische Notwendigkeit und/oder der bloße Gruppenzwang. Die Personen in dieser Gruppe der Late Majority verfügen tendenziell über eher knappe Ressourcen, weshalb die meiste Unsicherheit bzgl. einer Innovation beseitigt sein muss, bevor ein Konsum in Frage kommt (Rogers, 2003, S. 284). Die Individuen in der Gruppe, die zuletzt eine Innovation nutzt, bezeichnet *Rogers* dann als Laggards. Ihr Orientierungspunkt ist stets die Vergangenheit, und sie interagieren primär mit Gleichgesinnten, die über dieselben traditionellen Werte verfügen. Dementsprechend sind sie in der Gesellschaft eher isoliert und haben nahezu keinen Einfluss auf die Entscheidungen anderer Personen. Ihre knappen Ressourcen veranlassen sie dazu, insbesondere in Bezug auf Innovationen extrem vorsichtig zu sein und sich vor einer Nutzung dahingehend abzusichern, dass diese erfolgreich sein wird (Rogers, 2003, S. 284).

In der vorliegenden Studie findet lediglich eine Unterscheidung zwischen Innovatoren und Nicht-Innovatoren bzw. zwischen Konsumenten mit einer hohen und einer niedrigen Consumer Innovativeness statt. Für diesen Zweck ist die Kategorisierung nach Rogers (1958, 1962) zwar sehr hilfreich, sie bedarf allerdings noch einer Anpassung in Form einer Zusammenfassung. Zur Einteilung dient in diesem Fall der Median, was zu zwei annähernd gleich großen Stichproben führt. Als Folge besteht die erste Gruppe aus den Innovators, den Early Adoptors sowie der Early Majority, während sich die zweite Gruppe aus der Late Majority und den Laggards zusammensetzt. Aus einer Zusammenfassung der dargestellten Eigenschaften auf zwei Gruppen, lassen sich diese folgendermaßen charakterisieren. Die Innovatoren sind waghalsig und können daher besser mit einer erhöhten Unsicherheit umgehen. Sie verfügen über höhere finanzielle Ressourcen, sind besser vernetzt und haben eine zentrale Rolle im Kommunikationsnetzwerk der Gesellschaft. Aus diesem Grund fungieren sie häufig als Opinion Leaders und werden von anderen Individuen als Vorbilder gesehen, wodurch sie dafür sorgen, dass Innovationen in die Gesellschaft integriert und dort verbreitet werden. Die Nicht-Innovatoren hingegen haben eher traditionelle Ansichten und sind Neuerungen gegenüber skeptisch eingestellt. Innovationen übernehmen sie i. d. R. aufgrund wirtschaftlicher Notwendigkeiten und/oder aus Gruppenzwang. Ihre finanziellen Ressourcen sind, im Vergleich zu denen der Innovatoren, deutlich geringer ausgeprägt, und sie sind auch deutlich schlechter vernetzt (Rogers, 2003, S. 282–284).

## 2.2 Modelltheoretischer Hintergrund des Untersuchungsmodells

### 2.2.1 Erkenntnisse der Equity Theory

Nach einer gründlichen Begriffsbestimmung der unterschiedlichen Konstrukte folgt in diesem Kapitel die Erläuterung der relevanten Theorien, die sich für die Ableitung der vermuteten Zusammenhänge eignen. Eine besondere Relevanz für die Formulierung von Ursache-Wirkzusammenhängen besitzt die Equity Theory.

Die Ursprünge dieser Theorie sieht *Koschate* (2002, S. 74 f.) in der Sozialpsychologie und insbesondere in den Arbeiten von *Homans* (1961), *Adams* (1965) und *Walster et al.* (1973). Für die vorliegende Studie genügen allerdings die Ergebnisse aus der Arbeit von *Adams* (1965), da diese den Outcome-Input-Vergleich hinreichend verdeutlichen. Die Equity Theory behandelt die Fairness von sozialen Austauschbeziehungen und trifft Annahmen über Verhaltensmotivationen von Individuen, die divergent zu den Aussagen der klassischen Nutzentheorie sind: Individuen besitzen eine Motivation, sich fair zu verhalten.

Wie in dem Abschnitt über die Preisfairness bereits deutlich wurde, setzen sich Theorien zur Fairness i. d. R. mit den Wahrnehmungsdimensionen distributive und prozedurale Gerechtigkeit auseinander (Koschate, 2002, S. 71 f.). Bei der Equity Theory steht die distributive Gerechtigkeit von Austauschbeziehungen im Fokus. Es geht hierbei um die Gerechtigkeit/Fairness von Ergebnissen bzw. Verteilungen (Fassnacht & Mahadevan, 2010, S. 298). Die zentrale Fragestellung ist also, was Individuen als gerecht wahrnehmen und wie sie reagieren, wenn sie etwas als ungerecht empfinden (Homburg & Koschate, 2005, S. 32). Um ein Gerechtigkeitsurteil fällen zu können, setzen Individuen ihre Outcomes und Inputs ins Verhältnis und vergleichen dies mit einem Bezugspunkt (Fassnacht & Mahadevan, 2010, S. 299).

Mit Outcome ist all das gemeint, was ein Individuum in einer Austauschbeziehung erhält – dies kann bspw. der Lohn oder eine erhaltene Leistung sein. Der Input ist das genaue Gegenteil und bezieht sich somit auf alles, was ein Individuum in eine Austauschbeziehung investiert – bspw. der Produktpreis oder die aufgewendete Zeit (Fassnacht & Mahadevan, 2010, S. 299; Koschate, 2002, S. 77). Die Basis für den Vergleich, also der Referenzpunkt, kann entweder von direkter (z. B. Arbeitnehmer-Arbeitgeber- oder Käufer-Verkäufer-Beziehung) oder indirekter (Vergleich mit einem Kollegen oder anderen Kunden) Natur sein. Vergleiche mit Gruppen oder eigenen Erfahrungen aus der Vergangenheit, also ein Vergleich mit der eigenen Person, sind ebenfalls denkbar. Austauschbeziehungen werden dann als gerecht wahrgenommen, wenn sich die gegenübergestellten Outcome-Input-Verhältnisse nicht (signifikant) voneinander unterscheiden (Fassnacht & Mahadevan, 2010, S. 299). Im Umkehrschluss werden sie dann als unfair erachtet, wenn das Outcome-Input-Verhältnis des Individuums nicht mit dem des Bezugspunkts übereinstimmt (Huppertz et al., 1978, S. 250). In diesem Fall herrscht nach der Wortverwendung von *Adams* (1965) „Inequity" (Koschate, 2002, S. 79). Dieser Zusammenhang soll mit Hilfe von zwei einfachen Gleichungen in *Abbildung 1* veranschaulicht werden.

| **Equity** | **Inequity** |
|---|---|
| $\frac{Outcome_A}{Input_A} = \frac{Outcome_B}{Input_B}$ | $\frac{Outcome_A}{Input_A} \neq \frac{Outcome_B}{Input_B}$ |

**Abbildung 1: Überblick über Equity und Inequity**[2]

Mögliche Reaktionen eines Individuums auf den Zustand der Inequity lassen sich mit Hilfe der Theorie der kognitiven Dissonanz nach *Festinger* (1957) erklären. Diese Theorie basiert auf der Annahme, dass Individuen nach Konsistenz streben (Fassnacht & Mahadevan, 2010, S. 299). Die Wahrnehmung von Ungleichheit/Unfairness löst bei einem Individuum Spannungsgefühle aus, welche sich nur durch Wiederherstellung eines Gleichgewichts beseitigen lassen. Um dies zu erreichen, hat ein Individuum vier verschiedene Möglichkeiten. Zum einen kann es die Outcomes und/oder Inputs von sich und/oder dem Referenzpunkt verändern. Ferner kann es die Outcomes und/oder Inputs von sich und/oder dem Bezugsobjekt kognitiv verzerren. Einem Individuum ist es weiterhin möglich, die Beziehung zu verlassen oder die Vergleichsperson dazu veranlassen dies zu tun. Zuletzt kann es die Vergleichsbasis wechseln (Carrell & Dittrich, 1978, S. 203; Koschate, 2002, S. 79–80).

Wie im obigen Abschnitt beschrieben, lässt sich der Zusammenhang der Equity Theory sehr vielseitig anwenden. So ist auch eine Übertragung auf die vorliegende Studie möglich, weshalb auf dieser Basis Annahmen bezüglich der Auswirkungen unterschiedlicher Faktorkombinationen auf die Preisfairnessurteile der Konsumenten getroffen werden können.

### 2.2.2 Erkenntnisse der Social Exchange Theory und des Exchange Theory Model of Interpersonal Communication

Ausganspunkt für eine Austauschbeziehung können ganz unterschiedliche Dinge sein. Ein Individuum kann bspw. Wissen über einen möglichen Austauschpartner haben und auf dieser Basis Belohnungen antizipieren, oder aber zwei Individuen werden durch äußere Einflüsse (z. B. durch den Arbeitgeber) zu einer Interaktion gezwungen (Thibaut & Kelley, 1986, S. 19). *Thibaut & Kelley* (1986, S. 10) sehen die Interaktion als Fundament einer jeden zwischenmenschlichen Beziehung. Erst wenn zwei oder mehr Individuen mehrfach miteinander interagiert haben, kann von einer Beziehung gesprochen werden (Thibaut & Kelley, 1986, S. 10). Nach *Homans* (1958, S. 606) kann sozialer Austausch sowohl von materieller als auch immaterieller Natur sein. Hauptmerkmal einer solchen Austauschbeziehung ist, dass Individuen,

[2] Eigene Darstellung in Anlehnung an *Koschate* (2002, S. 78 f.)

die viel investieren, auch genauso viel davon profitieren möchten und dass Individuen, die viel erhalten, unter Druck stehen eine Gegenleistung zu erbringen. Dieses Charakteristikum hat zur Folge, dass sich eine Austauschbeziehung i. d. R. in Richtung eines Gleichgewichts bewegt. Dennoch versuchen Individuen ihren eigenen Profit aus einer Austauschbeziehung, also die Differenz aus Belohnung und Kosten, zu maximieren und darüber hinaus sicherzustellen, dass kein anderes Individuum einen größeren Profit erhält (Homans, 1958, S. 606). Auch in diesem Zusammenhang sind Belohnungen alle positiven Gesichtspunkte einer Austauschbeziehung und Kosten all das, was ein Individuum dafür aufbringen muss. Interaktionen wählt ein Individuum höchst selektiv, weshalb vorteilhaftere Interaktionen häufiger aufrechterhalten werden als weniger vorteilhafte (Thibaut & Kelley, 1986, S. 12). Ob eine Austauschbeziehung aufrechterhalten wird, hängt also davon ab, wie viel Profit ein Individuum daraus erhält und wie viel Profit es für die Zukunft antizipiert (Blau, 1964, S. 6; Thibaut & Kelley, 1986, S. 20).

Auf der Grundlage dieser Erkenntnisse haben *Gatignon & Robertson* (1986, S. 534) das ET-MoIC entwickelt. Konsistent mit den Ausführungen zur Equity Theorie gehen sie davon aus, dass auch im Falle von WOM, bzw. „personal influence", eine Gegenüberstellung von Erträgen und Kosten stattfindet. Eine große Motivation Mundpropaganda zu betreiben sehen sie darin, dass der Sender Unterstützung und Rechtfertigung für seine Kaufentscheidung erhalten und dadurch die eigene Unsicherheit reduzieren kann. Weitere wichtige Anreize sind sozialer Status und Macht. Diese erhält ein Sender, weil ihm die Bereitstellung von Informationen eine überlegene Stellung verleiht. Empfänger hingegen müssen als Gegenleistung entweder Informationen über andere Produktklassen liefern oder Dankbarkeit zum Ausdruck bringen, was die eben beschriebenen Effekte des Machtgefüges noch verstärkt.

Betreibt eine Person jedoch WOM, ohne darum gebeten worden zu sein, versetzt es sie in die Bringschuld. Der Empfänger hat dem Sender aufmerksam zugehört, und deshalb muss nun auch der Sender als Zuhörer fungieren. Ein weiterer Kostenfaktor, der wieder in Bezug zu geforderten Informationen steht, ist die für die Lieferung der Informationen aufgewendete Zeit. Der wohl wichtigste Gesichtspunkt auf der Kostenseite ist aber das mit der Bereitstellung der Informationen verbundene Risiko, das darin beseht, dass sich der Rat als falsch erweist und der Empfänger den Sender dafür verantwortlich macht. Dieses Risiko wird insbesondere bei Austauschbeziehungen mit engen Freunden sowie bei neuen Technologien, deren langfristiges Leistungsvermögen noch unklar ist, als hoch eingeschätzt (Gatignon &

Robertson, 1986, S. 534 f.). Ferner nehmen *Gatignon & Robertson* (1986, S. 534) an, dass WOM nur weiterhin stattfindet, wenn beide Parteien einer Austauschbeziehung nahezu denselben Profit daraus ziehen. Auch in diesem Fall wird also ein Gleichgewicht der Austauschbeziehung suggeriert, weil sich nur so keine der Parteien benachteiligt fühlt. Zusammenfassend besteht ein solcher Informationsaustausch also auf Reziprozität (Gatignon & Robertson, 1986, S. 534).

Das ETMoIC macht deutlich, welche relevanten Kosten und Nutzen beim WOM existieren und wie sich auf dieser Grundlage Annahmen darüber treffen lassen, mit welcher Wahrscheinlichkeit ein Konsument Mundpropaganda betreibt. Da in dieser Studie u. a. die WOM-Intention untersucht werden soll, dient das ETMoIC als theoretisches Fundament für die Herleitung einiger Hypothesen.

# 3. Konzeptualisierung des Untersuchungsmodells

## 3.1 Direkte Effekte

### 3.1.1 Direkter Effekt des Preises auf die wahrgenommene Preisfairness

In diesem Kapitel wird das Untersuchungsmodell anhand von Hypothesen aufgestellt. Diese Hypothesenherleitung basiert sowohl auf Forschungsergebnissen vergangener Studien als auch auf verschiedenen, psychologischen Theorien. Die postulierten Annahmen sollen dann eine empirische Überprüfung an der Realität erfahren.

In der Preisfairnessforschung hat sich die Mehrzahl der Studien auf die Wirkung von Preisveränderungen konzentriert (vgl. Bolton & Alba, 2006, S. 258; Campbell, 1999, S. 187, 2007, S. 261; Heußler et al., 2009, S. 332; Kahneman et al., 1986, S. 728; Kalapurakal et al., 1991, S. 788; Maxwell, 2002, S. 199). Nur wenige Studien untersuchen hingegen den Effekt eines absoluten und somit unveränderten Preises auf die Preisfairness. Darunter weisen *Kamen & Toman* (1970, S. 28 f.) anhand von Benzinpreisen einen negativen Zusammenhang zwischen der Höhe des Preises und der wahrgenommenen Preisfairness nach. Sobald der Preis eines Produktes oder einer Dienstleistung den „fairen Preis“ überschreitet, hat dies Auswirkungen auf das Verhalten der Konsumenten. Auf Autofahrer bezogen könnte dies bspw. bedeuten, dass sie weniger unnötige Fahrten tätigen, sparsamere Autos kaufen oder die Nutzung öffentlicher Verkehrsmittel in Betracht ziehen (Kamen & Toman, 1970, S. 34 f.). Auch *Bolton et al.* (2010, S. 566) überprüfen in ihrer Arbeit nicht den Einfluss einer Preisveränderung, sondern geben im Versuchsdesign einen Preis vor und weisen auf einen abweichenden Preis hin, den ein anderer Konsument zahlt. Sie können dabei zwar zeigen, dass ein vergleichsweise höherer Preis vom Konsumenten als weniger fair wahrgenommen wird, doch das Hauptaugenmerk dieser Studie liegt in der Untersuchung kultureller Unterschiede dieses Phänomens (Bolton et al., 2010, S. 568–574). Als theoretische Basis für Studien in der Preisfairnessforschung wird häufig das Prinzip des Dual Entitlement (Kahneman et al., 1986b) herangezogen. Wie in *Kapitel 2.1.1* bereits erläutert, geht es im Kern darum, dass bei Preisfairnessurteilen sowohl die Ansprüche des Kunden, als auch die des Anbieters Berücksichtigung finden (Bolton et al., 2003, S. 474). Der Anspruch des Abnehmers bezieht sich insbesondere auf Preiserwartungen, die er aus den Eigenschaften einer Referenztransaktion abgeleitet hat (Diller, 2008, S. 164; Homburg & Koschate, 2005, S. 31). Demgegenüber umfasst der Anspruch des Anbieters einen Referenzgewinn (Diller, 2008, S. 164). Preiserhöhungen bzw. Kostensteigerungen können die jeweiligen Ansprüche bedrohen, bei gleichzeitiger Bedrohung haben die Anbieteransprüche Vorrang (Homburg & Koschate, 2005, S. 31).

Wichtige Implikationen dieser Theorie sind die daraus resultierenden Aussagen über die Preisfairnesswahrnehmung. Zum einen werden Preiserhöhungen dann als unfair wahrgenommen, wenn sie lediglich der Gewinnmaximierung des Anbieters dienen. Demgegenüber empfinden Konsumenten Preiserhöhungen als weniger unfair, wenn sie durch Kostensteigerungen hervorgerufen sind. Ferner sehen sie es als fair an, wenn ein Preis vom Unternehmen, trotz möglicher Kostensenkungen, konstant gehalten wird, auch wenn es dadurch seine Gewinne steigert (Fassnacht & Mahadevan, 2010, S. 298). Die mit Hilfe des Dual Entitlement Prinzips gewonnenen Erkenntnisse lassen sich dann auf einen konstanten Preis übertragen, wenn man einen anderen Referenzpreis unterstellt. Ein solcher Referenzpreis kann nämlich ebenso aus Preisen aus der Vergangenheit sowie Wettbewerberpreisen und somit auch aus dem Durchschnittspreis am Markt abgeleitet werden (Bolton et al., 2003, S. 474; Diller, 2008, S. 164). Vor diesem Hintergrund würde ein vergleichsweise hoher Preis zu einer geringen wahrgenommenen Preisfairness führen, da keine weiteren Informationen bzgl. möglicher Motive oder Kostenstrukturen des Unternehmens geliefert werden. Wird der Preis komplett isoliert betrachtet, so lässt sich diese Aussage mit der Equity Theory bekräftigen: Ein höherer Preis bedeutet, dass ein Konsument für dasselbe Outcome einen höheren Input leisten muss und somit ein schlechteres Outcome-Input-Verhältnis im Vergleich zu einem anderen Konsumenten hat. Auch dies suggeriert, dass ein hoher Preis eine geringere Preisfairness nach sich zieht. Eine Übertragung der Range Theory von *Volkmann* (1951) auf die Preiswahrnehmung ist ebenfalls konsistent mit den bisher getroffenen Behauptungen. Kernaussage einer Anwendung der Range Theory auf die Preiswahrnehmung ist, dass der Nachfrager aus verschiedenen beobachteten Preisen nicht einen Referenzpreis, sondern eine Art Referenzpreisintervall bildet. Der Konsument vergleicht einen offerierten Preis mit den Endpunkten dieses Intervalls und fällt auf dieser Basis sein Urteil (Janiszewski & Lichtenstein, 1999, S. 354–359). Ist nun ein Preis im Vergleich zum durchschnittlichen Marktpreis hoch und befindet sich somit am oberen Ende der Spanne, wird er vom Konsumenten als unfair wahrgenommen. Die Überlegungen münden demnach zu folgender Hypothese:

| $H_1$: | Die wahrgenommene Preisfairness ist bei einem hohen Preis geringer als bei einem niedrigen Preis. |
|---|---|

### 3.1.2 Direkter Effekt der Marke auf die Brand Love

Der zweite unterstellte, direkte Effekt ist der, den eine Marke auf die Brand Love ausübt. Die Funktionen von Marken im Allgemeinen sowie das Brand Love-Konstrukt im Speziellen wurden in *Kapitel 2.1.2* beschrieben. Die wichtigsten Vorteile von Marken sind die Auskunft über die Herkunft eines Produkts, die Risikoreduktion, die Verringerung der Suchkosten, die Verbindung zum Unternehmen, das Qualitätssignal sowie ihr symbolischer Wert. Marken haben also nicht nur funktionelle Vorzüge, sondern können ebenso von hoher symbolischer und emotionaler Relevanz für den Kunden sein. Marken helfen ihm mitunter sein Selbstbild so zu formen und sich zu präsentieren, wie er es sich wünscht (Keller, 2008, S. 7 f.). Weiterhin ermöglichen Marken einem Konsumenten, die mit ihnen assoziierten Merkmale, auf sich selbst zu übertragen und dadurch den eigenen Status zu erhöhen (Willrodt, 2004, S. 19). *Carroll & Ahuvia* (2006, S. 82) zeigen in ihrer Studie, dass Marken, die eine wichtige Rolle für die Gestaltung des Selbstbilds eines Konsumenten spielen und auch als „self-expressive" Brands bezeichnet werden, ein höheres Maß an Brand Love beim Kunden auslösen. Auch weitere Forscher bestätigen diesen Zusammenhang (Karjaluoto et al., 2016, S. 533; Wallace et al., 2014, S. 38).

In der vorliegenden Studie wird der Unterschied des Effekts einer bekannten (Apple) und einer unbekannten Marke (CUBOT) untersucht. Nach Einschätzung verschiedener Forscher kann man davon ausgehen, dass Apple als bekannte Marke definitiv eine größere Bedeutung für die Entwicklung des Selbstbilds vieler Konsumenten hat und somit der self-expressiveness dient (vgl. Aaker, 2009, S. 23; Chernev & Hamilton, 2011, S. 79).

Eine der Eigenschaften, die mit einer höheren Brand Love einhergeht, ist die besondere Bedeutung einer Marke für den Konsumenten sowie ihre Beziehung zu seinen Wertvorstellungen. Apple kann als eine solche Marke gesehen werden, da sie für Kreativität und Selbstverwirklichung steht (Batra et al., 2012, S. 4). Doch sollten bekannte Marken im Allgemeinen aufgrund der Vielzahl von Vorzügen, die bereits erläutert wurden und offenkundig nicht nur funktioneller Natur sind, zu einer höheren Brand Love führen als unbekannte Marken. Auf die Problematik einer leichtfertigen und zu direkten Übertragung von Theorien zwischenmenschlicher Liebe auf Consumer-Brand Relationships wurde bereits hingewiesen (Aggarwal, 2004, S. 89; Albert et al., 2009, S. 300; Batra et al., 2012, S. 2; Richins, 1997, S. 129). Es gibt aber auch einige Gemeinsamkeiten (Carroll & Ahuvia, 2006, S. 80), weshalb sich eine Anwendung in vielen Fällen lohnen kann.

Zieht man *Sternbergs* (1986) Triangular Theory of Love oder die Übertragung dieser von *Shimp & Madden* (1988) heran, so lassen sich folgende Schlüsse ziehen. Liebe kann je nach Vorhandensein der verschiedenen Dimensionen unterschiedlich stark ausgeprägt sein (Shimp & Madden, 1988, S. 125; Sternberg, 1986, S. 123). Zusammengefasst bestehen diese Dimensionen aus der Nähe und Verbundenheit gegenüber einer Person oder einem Objekt, dem Liebeserlebnis mit bzw. dem Verlangen nach einer Person oder einem Objekt, und dem kurzfristigen Entschluss jemanden oder etwas zu lieben, zusammen mit der Absicht diese Beziehung aufrecht zu erhalten (Shimp & Madden, 1988, S. 163 f.; Sternberg, 1986, S. 119). Vor dem Hintergrund der Markenbekanntheit wäre ein logischer Schluss, dass eine unbekannte Marke auf keiner der genannten Brand Love Dimensionen stark ausgeprägt sein kann. Denn wie soll ein Konsument ein Gefühl der Nähe oder Verbundenheit, ein Verlangen oder gar ein Gefühl der Liebe gegenüber etwas ihm unbekannten entwickeln? Auch wenn jeder Konsument andere Vorlieben hat, sollte eine bekannte Marke diese Facetten stärker bedienen und demzufolge mit einem höheren Maß an Liebe verbunden sein. Aufgrund dieser Herleitung wird folgende Hypothese formuliert:

| **$H_2$:** | Die Brand Love ist bei einer bekannten Marke größer als bei einer unbekannten Marke. |
|---|---|

### 3.1.3 Direkter Effekt der Marke auf die Word-of-Mouth-Intention

Wie bereits im Zusammenhang mit Brand Love erörtert wurde, sollten bekannte Marken, insbesondere eine so starke Marke wie Apple, eine größere Bedeutung für die Selbstidentität haben und somit self-expressive sein (Aaker, 2009, S. 23; Carroll & Ahuvia, 2006, S. 82; Chernev & Hamilton, 2011, S. 79). Konsumenten nutzen Marken um ihre Identität zu entwickeln und zu formen (Holt, 1997, S. 333). Mit anderen Personen über Marken zu sprechen ist nach *Carroll & Ahuvia* (2006, S. 82) ein wichtiger Teil dieses Prozesses der Identitätsbildung. Sie zeigen in ihrer Studie ebenfalls einen positiven, signifikanten Zusammenhang zwischen einer self-expressive Brand und PWOM (Carroll & Ahuvia, 2006, S. 85).

*Berger & Schwartz* (2011, S. 869) untersuchen in ihrer Studie die psychologischen Ursachen von Mundpropaganda. Dabei unterscheiden sie zwischen unmittelbarem (immediate), anhaltendem (ongoing) und gesamtem WOM. Als psychologische Treiber identifizieren und überprüfen sie insbesondere das Interesse und die Zugänglichkeit. Die Zugänglichkeit sehen sie als wichtigen Faktor für die Entstehung und für das Anhalten von WOM, da Menschen häufig darüber sprechen, was ihnen im Moment der Unterhaltung durch den Kopf geht. Insbesondere öffentlich sichtbare Güter sollten mit einem hohen WOM verbunden sein, weil man sie leicht und oft wahrnimmt, was die Zugänglichkeit steigert (Berger & Schwartz, 2011, S. 869–871). Diese Herleitung dürfte sich auf bekannte Marken übertragen lassen, da diese ebenso häufig in der Öffentlichkeit durch Werbung oder tatsächliche Nutzung zu sehen sind. Mit Hilfe einer Feldstudie sowie eines Laborexperiments bestätigen *Berger & Schwartz* (2011, S. 877), dass Güter, die häufiger in der Öffentlichkeit zu sehen sind, mehr unmittelbares, anhaltendes sowie gesamtes WOM hervorrufen.

Das ETMoIC von *Gatignon & Robertson* (1985) bestärkt die bisherige Vermutung, dass eine bekannte Marke zu einem höheren Maß an WOM führt. Kernaussage dieses Modells ist, dass Personen dann Mundpropaganda verbreiten, wenn die Erträge (oder Vorteile) die Kosten (oder Nachteile) überwiegen (Gatignon & Robertson, 1985, S. 534). Einer der größten Faktoren auf der Kostenseite ist das Risiko Ratschläge zu geben, welche sich hinterher als falsch erweisen (Gatignon & Robertson, 1985, S. 535; Mazzarol et al., 2007, S. 1486–1488). Es wurde bereits gezeigt, dass Marken über verschiedene Funktionen und Vorteile verfügen. In diesem Zusammenhang sollten insbesondere die Information über die Herkunft eines Produktes, die Risikoreduktion, die Verbindung zum Unternehmen und das Qualitätssignal genannt werden (Keller, 2008, S. 7). *Kotler & Bliemel* (2001, S. 736) treffen dazu folgende Aussage: „Mit seinem Markennamen verspricht der Markenartikler, Produkte konstanter Qualität [...] zu liefern“ (Kotler & Bliemel, 2001, S. 736). All diese Faktoren sollen einem Konsumenten, der in Erwägung zieht eine Marke weiterzuempfehlen bzw. über diese zu sprechen, ein Gefühl der Sicherheit geben, dass sie seine Erwartungen erfüllen und sich seine Aussagen somit als korrekt erweisen werden. Diese Vermutung wird noch durch die empirischen Erkenntnisse, dass ein höheres Maß an Vertrauen mit einer größeren Tendenz zur (vorteilhaften) Mundpropaganda einhergehen, bekräftigt (Gremler et al., 2001, S. 52; Ranaweera & Prabhu, 2003, S. 89). Denn Vertrauen gegenüber einer Marke entsteht durch wiederholte Transaktionen mit selbiger (Xia et al., 2004, S. 5) und wird durch eine erneute Erfüllung des Leistungsversprechens noch verstärkt. Aus den obigen Ausführungen ergibt sich die folgende Hypothese:

| $\mathbf{H_3}$: | Die WOM-Intention ist bei einer bekannten Marke höher als bei einer unbekannten Marke. |
|---|---|

### 3.1.4 Direkter Effekt der Produktinnovation auf die Word-of-Mouth-Intention

Bereits in der Herleitung von *Hypothese* $H_3$ fand die Studie von *Berger & Schwartz* (2011) Berücksichtigung. Im Mittelpunkt der Analyse standen das Interesse und die Zugänglichkeit als zwei wichtige, psychologische Ursachen von WOM. Während die Zugänglichkeit für die Herleitung der obigen Hypothese von Bedeutung ist, richtet sich nun das Augenmerk auf das Interesse. Besonders Manager vertreten die Ansicht, dass Produkte interessant sein müssen, damit über sie gesprochen wird (Berger & Schwartz, 2011, S. 870). So sagt *Sernovitz* (2006, S. 6), CEO der Firma GasPedal bspw., dass die wichtigste Regel des WOM-Marketings darin bestehe, interessant zu sein, da niemand über Dinge sprechen würde, die er als langweilig erachtet. Auch wenn *Berger & Schwartz* (2011, S. 877) bei öffentlich sichtbaren Gütern eine größere Wirkung auf WOM feststellen, weisen sie ebenfalls nach, dass auch interessante nicht-öffentliche Produkte zu einem hohen WOM führen.

Produkte können interessant sein, indem sie neu oder aufregend sind oder die Erwartungen brechen (Berger & Schwartz, 2011, S. 870). Diese Kriterien zugrunde gelegt, sollten innovative Produkte also auch zu einer höheren WOM-Intention führen. Einen ähnlichen Schluss lässt die Studie von *Derbaix & Vanhamme* (2003, S. 99) zu. Das Autorengespann untersucht den Einfluss von Überraschung auf WOM. Ihre Hypothese lautet, dass die Überraschung das WOM-Aufkommen positiv beeinflusst. Eine mögliche Ursache von Überraschung kann, neben einigen anderen, die Neuheit eines Produkts sein. Während die meisten überraschenden Ereignisse mit mindestens einer weiteren Person geteilt wurden, war dies bei wenig überraschenden Ereignissen i. d. R. nicht der Fall. Die Ergebnisse ihrer Studie bestätigen demnach ihre Vermutung (Derbaix & Vanhamme, 2003, S. 105 f.). Da auch ein neues Produkt überraschend wirkt, wird dies folglich ebenfalls zu einer höheren WOM-Intention führen.

Die Arbeit von *Moldovan et al.* (2011, S. 109) suggeriert einen ähnlichen Zusammenhang. Die Forschergruppe nimmt an, dass je origineller ein Produkt sei, desto größer sei auch die Menge an WOM. Die Originalität definieren sie als durch einen Konsumenten wahrgenommene Neuartigkeit oder Einzigartigkeit eines Produkts im Vergleich zu bisherigen Angeboten. Entsprechend lassen sich auch diese Ergebnisse auf die vorliegende Studie übertragen. Wie die Ergebnisse ihrer Studie belegen, erhöht die Originalität eines Produkts tatsächlich das Aufkommen von Mundpropaganda (Moldovan et al., 2011, S. 110–112).

Ferner spielt das wahrgenommene Risiko bei der Entstehung von WOM eine große Rolle. Ist dies stark ausgeprägt, so haben Konsumenten die Möglichkeit weitere Informationen zu suchen, um das Risiko dadurch zu senken (Arndt, 1967a, S. 294). WOM wird also nicht nur betrieben, um Informationen preiszugeben, sondern auch, um selbst Informationen zu erhalten und somit das eigene Risiko zu senken. Folgende Hypothese soll daher eine empirische Überprüfung erfahren:

| $H_4$: | Wenn ein Produkt über innovative Eigenschaften verfügt, dann ist die WOM-Intention größer als ohne innovative Eigenschaften. |
|---|---|

## 3.2 Moderierende Effekte

### 3.2.1 Moderierender Effekt der Consumer Innovativeness auf die Beziehung zwischen Preis und Preisfairness

Im ersten Abschnitt dieses Kapitels wurde auf Basis verschiedener Studienergebnisse und Theorien vermutet, dass ein höherer Preis zu einer geringeren wahrgenommenen Preisfairness führt. Um Aussagen über die Wirkung der Innovativeness eines Konsumenten auf ebendiese Beziehung treffen zu können, müssen erneut die Eigenschaften dieser Gruppe herangezogen werden. Zu diesem Zweck findet die in *Kapitel 2.1.4* entwickelte, zusammengefasste Kategorisierung Verwendung. Diese unterscheidet lediglich zwischen Innovatoren und Nicht-Innovatoren. Auch in diesem Fall wird die Menge der Konsumenten aufgeteilt, sodass die erste Gruppe aus den Innovators, den Early Adoptors sowie der Early Majority besteht, während sich die zweite Gruppe aus der Late Majority und den Laggards zusammensetzt. Unter Bezugnahme auf die von *Rogers* (2003) identifizierten Eigenschaften der jeweiligen Gruppen lassen sich die beiden Gruppen folgendermaßen charakterisieren: Die Innovatoren sind waghalsig und können folglich besser mit einer erhöhten Unsicherheit umgehen. Sie besitzen eine größere finanzielle Ressourcenbasis, sind besser vernetzt und haben eine zentrale Rolle im Kommunikationsnetz der Gesellschaft. Sie fungieren deshalb häufig als Opinion Leaders und werden von anderen Individuen als Vorbilder gesehen, wodurch sie dafür sorgen, dass Innovationen in die Gesellschaft gebracht und dort etabliert werden. Die Nicht-Innovatoren hingegen haben eher traditionelle Ansichten und begegnen Neuerungen mit großer Skepsis. Innovationen kauft dieses Segment häufig nur aufgrund wirtschaftlicher Notwendigkeiten und/oder aus Gruppenzwang. Ihre finanziellen Ressourcen sind, im Vergleich zu denen der Innovatoren, deutlich geringer ausgeprägt, und sie sind außerdem deutlich schlechter vernetzt (Rogers, 2003, S. 282–284). Zusammenfassend verfügen Innovatoren sowohl über mehr Ressourcen als auch über ein höheres Maß an Risikoakzeptanz als Nicht-Innovatoren. Auf Grund dieses Sachverhaltes kann man annehmen, dass Innovatoren tendenziell eher gewillt sind, höhere Preise (insbesondere für innovative Produkte) zu bezahlen bzw. über eine geringere Preissensibilität verfügen. Auch *Aroean & Michaelidou* (2014, S. 257) erbringen den Nachweis, dass Innovatoren einen größeren Drang haben, teure Marken zu kaufen. Sie führen dies eher auf eine höhere Preis-Prestige-Sensitivität zurück – also die Vermutung eines Konsumenten, dass der Kauf teurer Produkte positive Erfahrungen nach sich zieht und andere Personen beeindruckt (Aroean & Michaelidou, 2014, S. 256; Lichtenstein et al., 1993, S. 236). Die Überlegungen zur Consumer Innovativeness zugrunde gelegt, führen zur folgender Hypothese:

| **$H_5$:** | Der (negative) Effekt eines hohen Preises auf die wahrgenommene Preisfairness ist geringer, wenn die Consumer Innovativeness stärker ausgeprägt ist. |
|---|---|

### 3.2.2 Moderierender Effekt der Consumer Innovativeness auf die Beziehung zwischen Marke und Brand Love

Der zweite postulierte, moderierende Effekt ist die Wirkung der Innovativeness eines Konsumenten auf den Zusammenhang zwischen einer Marke und der Brand Love. Hier wird angenommen, dass eine bekannte Marke zu einem höheren Ausmaß an empfundener Brand Love führt. Wie in dem vorherigen Abschnitt sind auch in diesem Fall die Eigenschaften der Innovatoren Basis der Herleitung. Die erwähnte Waghalsigkeit und Fähigkeit mit großer Unsicherheit umzugehen (Rogers, 2003, S. 282) zeichnet die Innovatoren aus. Dies lässt grundsätzlich die Annahme zu, dass sie stärker gewillt sind, neue Dinge auszuprobieren. Eine weitere Eigenschaft, die in diesem Zusammenhang zu nennen ist, ist das Novelty Seeking-Phänomen. Dieses Konstrukt beschreibt den Drang eines Individuums nach neuen, diskrepanten Informationen zu suchen sowie die Bereitschaft bspw. auch bei der Markenwahl zu variieren (Hirschman, 1980, S. 284–286). Diese Überlegungen zugrunde gelegt, sehen *Steenkamp et al.* (1999, S. 56) deshalb die Consumer Innnovativeness als „predisposition to buy new and different products and brands rather than remain with previous choices and consumption patterns“ (Steenkamp et al., 1999, S. 56). Sie sehen somit das Novelty Seeking als Bestandteil der Consumer Innovativeness. Aus diesem Begriffsverständnis leitet *Roehrich* (2004, S. 671) dann vier Faktoren zur Erklärung einer solchen Prädisposition ab: den Stimulationsbedarf, die Suche nach Neuem, die Unabhängigkeit von Erfahrungen anderer, und das Bedürfnis einzigartig zu sein. Auch andere Forscher sehen ähnliche Phänomene wie das „Variety Seeking“

oder „New Brand Trial" als Eigenschaften innovativer Konsumenten (Ruvio & Shoham, 2007, S. 707 f.).

Die eigentlichen Funktionen von Marken und somit Ausgangspunkt für die Entstehung von Brand Love, also das Qualitätsversprechen, die Risikoreduktion, die Verringerung der Suchkosten und die Verbindung zum Unternehmen (Keller, 2008, S. 8; Kotler & Bliemel, 2001, S. 736), spielen für einen Innovator nur eine untergeordnete Rolle. Aufgrund der geringen Risikoaversion, dem Novelty Seeking sowie der Unabhängigkeit von den Erfahrungen anderer ist anzunehmen, dass Konsumenten mit einer hohen Consumer Innovativeness weniger markenaffin sind und somit neue und unbekannte Marken ausprobieren. Infolgedessen wird angenommen, dass Innovatoren tendenziell über ein geringeres Maß an Brand Love verfügen.

| **$H_6$:** | Der Markeneffekt auf die Brand Love ist schwächer, wenn die Consumer Innovativeness stärker ausgeprägt ist. |
|---|---|

### 3.2.3 Moderierender Effekt der Consumer Innovativeness auf die Wirkung einer innovativen Komponente auf die Word-of-Mouth-Intention

Schon das Vorliegen einer innovativen Produkteigenschaft führt, wie *Hypothese $H_4$* zeigt, zu einem höheren WOM (Berger & Schwartz, 2011, S. 870; Derbaix & Vanhamme, 2003, S. 106; Moldovan et al., 2011, S. 109). Das Interesse stellt einen geeigneten Faktor dar, um zu erläutern, weshalb bei Innovatoren die WOM-Intention noch stärker ausgeprägt sein sollte. Produkte können bspw. interessant sein, weil sie neu, aufregend oder inkongruent mit den Erwartungen des Konsumenten sind (Berger & Schwartz, 2011, S. 870). Da ein innovatives Produkt per Definition neuartig ist, wurde postuliert, dass dies zu einer höheren WOM-Intention führt. Konsumenten mit einer stark ausgeprägten Consumer Innovativeness sind ständig auf der Suche nach neuen Dingen sowie nach Veränderungen (Hirschman, 1980, S. 285 f.; Ruvio & Shoham, 2007, S. 707 f.). Demgemäß zeigen sie gegenüber innovativen, neuartigen Produkten ein stärkeres Interesse als Nicht-Innovatoren und verspüren deshalb einen noch größeren Drang, Mundpropaganda zu verbreiten.

Ein weiteres Charakteristikum von (einigen) Innovatoren, das eine höhere WOM-Intention begründet, ist die sogenannte Opinion Leadership. Konsumenten, bei denen diese Eigenschaft stark ausgeprägt ist, fungieren als Informationsvermittler (Feick & Price, 1987, S. 84). Somit haben sie einen großen Einfluss auf die Entscheidungen anderer Individuen und werden von ihnen häufig um Rat gefragt (Grewal et al., 2000, S. 236; Rogers & Cartano, 1962, S. 435). Die Expertise, um überhaupt als Informationsvermittler dienen zu können, basiert wiederum auf dem Involvement, also dem langfristigen Interesse an einem bestimmten Themenfeld (Bloch, 1981, S. 61 f.; Grewal et al., 2000, S. 237 f.). Zeigt ein Individuum starkes Involvement für eine bestimmte Produktkategorie, generiert es immer mehr Wissen über selbige (Grewal et al., 2000, S. 238). Insgesamt gelten Innovatoren als besser vernetzt und nehmen somit häufiger an sozialem Austausch teil (Midgley & Dowling, 1993, S. 617; Rogers, 2003, S. 283). Kombiniert man diese beiden Faktoren, so fungieren Innovatoren gerne als Informationsvermittler und haben ein größeres Interesse an Produktneuheiten. Daher ist anzunehmen, dass sie einen größeren Drang haben über innovative Produkte zu berichten, woraus sich folgende Hypothese ergibt:

| $H_7$: | Der Effekt einer innovativen Produktkomponente auf die WOM-Intention ist stärker, wenn eine höhere Consumer Innovativeness vorliegt. |
|---|---|

## 3.3 Interaktionseffekte

### 3.3.1 Interaktionseffekt von Preis und Marke auf die WOM-Intention

Der Effekt der Strahlkraft einer Marke auf die WOM-Intention wurde vornehmlich mit dem ETMoIC von *Gatignon & Robertson* (1986) hergeleitet. Kerngedanke dieses Ansatzes ist, dass Personen nur dann Mundpropaganda betreiben, wenn die dafür notwendigen Kosten geringer sind als die sich ergebenden Erträge (Gatignon & Robertson, 1986, S. 534). Die Vorteile, die renommierte Marken mit sich bringen, verringern die „Kosten“ der Mundpropaganda. Speziell die Gefahr einer anderen Person falsche Informationen zu liefern und danach dafür verantwortlich gemacht zu werden (Mazzarol et al., 2007, S. 1486–1488), wird durch die Markierung der Produktherkunft verringert (Keller, 2008, S. 7; Kotler & Bliemel, 2001, S. 736). Doch die Vorteile lassen sich Marken vergüten, weshalb in diesem Zusammenhang häufig von einem Preispremium die Rede ist (Aaker, 1996, S. 105 f.; Anselmsson et al., 2007, S. 402). Die Produkte von bekannten Marken sind also tendenziell teurer als die von weniger bekannten Marken.

Die Überraschung als mögliche Ursache von WOM wurde bereits erläutert. Ein möglicher Grund, weshalb ein Konsument überrascht ist, kann bspw. ein besonders gutes Preis-Leistungs-Verhältnis sein (Derbaix & Vanhamme, 2003, S. 106). Weist nun das Produkt einer Premiummarke, wie in dem vorliegenden Fall ein iPhone von Apple, einen unerwartet geringen Preis auf, so liegt die Vermutung nahe, dass dies beim Konsumenten einen starken Drang auslöst, mit anderen Personen darüber zu sprechen. Denn der Konsument ist aufgrund der Situation zum einen extrem überrascht, und zum anderen kann er sich aufgrund der genannten Merkmale von Marken recht sicher sein, dass sich seine preisgegebenen Informationen nicht als falsch erweisen werden. Die aus den Arbeiten von *Derbaix & Vanhamme* (2003) sowie *Gatignon & Robertson* (1986) abgeleitete Hypothese lautet deshalb wie folgt:

| **$H_8$:** | Der Effekt einer bekannten Marke auf die WOM-Intention ist stärker, wenn ein geringer Preis vorliegt. |
|---|---|

### 3.3.2 Interaktionseffekt von Preis und Marke auf die Preisfairness

Marken stiften einem Konsumenten auf verschiedenem Wege Nutzen. Sie dienen bspw. als Qualitätssignal oder haben für manche Konsumenten eine tiefergehende, symbolische Bedeutung (Chernev & Hamilton, 2011, S. 67; Gardner & Levy, 1955, S. 34; Wernerfelt, 1988, S. 459). Was Konsumenten in Bezug auf ihre geliebten Marken hingegen häufig beklagen, ist ihr im Vergleich zur Konkurrenz höherer Preis. Doch diesen höheren Preis halten die Kunden i. d. R. für angemessen und sind mit der Leistung dennoch zufrieden (Batra et al., 2012, S. 4). Außerdem sind Konsumenten im Hinblick auf ihre präferierten Marken ohnehin dazu bereit ein Preispremium zu bezahlen, weil sie die Beziehung zu diesen Marken nicht verlieren möchten (Batra et al., 2012, S. 4; Thomson et al., 2005, S. 79). Demzufolge sollte sich im Informationsverarbeitungsprozess des Individuums bei einer bekannten Marke der (negative) Effekt eines hohen Preises auf die wahrgenommene Preisfairness eine Kompensation erfahren.

Eine erste Bestätigung dieser Vermutung liefern die empirischen Ergebnisse einer Studie von *Bolton et al.* (2003, S. 488). Wie ihre Ergebnisse zeigen, werden Preisunterschiede dann als fair wahrgenommen, wenn sie auf Qualitätsunterschiede zurückzuführen sind. Marken werden häufig mit einer höheren Produktqualität in Verbindung gebracht, sodass das Fairnessempfinden auch für markierte Produkte Gültigkeit besitzen müsste. Den postulierten Zusammenhang könnte man weiterhin unter Bezugnahme der Equity Theory (Adams, 1965) herleiten. Geht man von gleichen Preisen für Produkte einer bekannten und einer unbekannten Marke aus, so führen die aufgezeigten Vorteile von Marken dazu, dass im ersten Fall die Outcomes höher sind, was wiederum das Outcome-Input-Verhältnis verbessert.

Ein weiteres Indiz dafür liefert die Studie von *Campbell* (1999, S. 187), in welcher sie den Einfluss des vom Kunden gegenüber dem Anbieter abgeleitete Motiv auf die wahrgenommene Preisunfairness untersucht. Sie nimmt in diesem Zusammenhang einen asymmetrischen Effekt der Firmenreputation an. Solange keine offensichtliche Gewinnsteigerung mit einer Preiserhöhung einhergeht, sorgt eine gute Reputation dafür, dass Konsumenten ein positives Motiv seitens des Unternehmens vermuten. Mit Hilfe von zwei empirischen Studien beweist sie, dass das abgeleitete Motiv der Preissetzung ein wichtiger Faktor für die wahrgenommene Preisunfairness darstellt. Wenn Konsumenten annehmen, dass sich das Unternehmen ihnen gegenüber opportunistisch (fair) verhält, also ein negatives (positives) abgeleitetes Motiv vorliegt, wird eine Preissetzung als unfair (fair) wahrgenommen.

Die Reputation eines Unternehmens hat einen moderierenden Effekt auf diesen Zusammenhang (Campbell, 1999, S. 190–197). Auch *Xia et al.* (2004, S. 5) vertreten die Ansicht, dass eine gute Reputation die wahrgenommene Preisfairness begünstigt. Als Ursache dafür sehen sie das gegenüber dem Unternehmen aufgebaute Vertrauen, welches in jungen Beziehungen insbesondere auf dem Ruf des Unternehmens basiert (Xia et al., 2004, S. 5). Diese Ergebnisse sind mit den Implikationen des Prinzips des Dual Entitlement (Kahneman et al., 1986b) konform. Zum einen werden Preiserhöhungen dann als unfair wahrgenommen, wenn sie lediglich der Gewinnmaximierung des Anbieters dienen. Demgegenüber werden sie als weniger unfair empfunden, wenn sie durch Kostensteigerungen hervorgerufen werden. Darüber hinaus finden es Konsumenten durchaus fair, wenn ein Preis vom Unternehmen trotz Kostensenkungen konstant gehalten wird, auch wenn es dadurch seine Gewinne steigert (Fassnacht & Mahadevan, 2010, S. 298). Liegen beim Nachfrager keine eindeutigen Anzeichen für die Gewinnmaximierung als Ursache einer Preiserhöhung vor und unterstellt der Konsument dem Unternehmen ein positives Motiv, so werden Preiserhöhungen nicht als unfair von ihm wahrgenommen. Der Ruf des Unternehmens verstärkt dann diesen Effekt. Da der vorliegenden Studie die Überlegung zugrunde liegt, dass die bekannte Marke renommiert ist und sich somit einen guten Ruf aufgebaut hat, sollten hier ähnliche Effekte wirken. Das Vorliegen einer starken Marke dürfte dazu führen, dass ihr zumindest keine negativen Motive im Hinblick auf einen hohen Preis unterstellt werden und dieser somit als fairer wahrgenommen wird – im Vergleich zu einer unbekannten Marke. Die obigen Ausführungen führen dann zu der nachfolgenden Hypothese:

| **$H_9$:** | Der (negative) Effekt eines hohen Preises auf die wahrgenommene Preisfairness ist geringer, wenn es sich bei dem Produkt um eine bekannte Marke handelt. |
|---|---|

### 3.3.3 Interaktionseffekt von Preis und innovativer Komponente auf die Preisfairness

Zur Begründung des Interaktionseffektes zwischen dem Preis und einer innovativen Produktkomponente auf die wahrgenommene Preisfairness eignen sich ähnliche Überlegungen wie zur Herleitung von *Hypothese $H_9$*. Auch für diesen Effekt liefert die Equity Theory (Adams, 1965) eine Erklärung.

Die Annahme zugrunde gelegt, dass eine Innovation nicht nur bloße Spielerei ist, sondern dem Konsumenten auch einen Nutzen stiftet, führt diese zu einer Erhöhung der Outcomes. Werden also zwei Produkte gleichen Preises gegenübergestellt, von denen nur eines über eine neue, nutzstiftende Eigenschaft verfügt, so liefert dies ein besseres Outcome-Input-Verhältnis. Aus diesem Grund sollte der (hohe) Preis des innovativen Produktes als fairer wahrgenommen werden. Auch *Bolton et al.* (2003, S. 488) zeigen mit ihrer Studie, dass Preisunterschiede am fairsten wahrgenommen werden, wenn sie auf Qualitätsunterschieden beruhen. Übertragen auf den vorliegenden Fall wird also der hohe Preis eines innovativen Produkts, wegen der scheinbar höheren Qualität, fairer wahrgenommen. Das Prinzip des Dual Entitlement (Kahneman et al., 1986b), welches u. a. zum Ausdruck bringt, dass Preiserhöhungen als weniger unfair empfunden werden, wenn sie auf Kostensteigerungen beruhen (Fassnacht & Mahadevan, 2010, S. 298), lässt sich an dieser Stelle übertragen. Verfügt ein Produkt über eine innovative Produkteigenschaft, so schlussfolgert der Nachfrager, dass damit auch höhere Kosten des Unternehmens einhergehen. Diese Annahme einer gesteigerten Kostenstruktur führt nach obigen Erkenntnissen vermutlich dazu, dass ein höherer Preis als fairer wahrgenommen wird.

Eine weitere mögliche Begründung für den unterstellten Zusammenhang liefert die Studie von *Xia et al.* (2004). Die Autoren gehen u. a. auf den Einfluss der Gleichheit bzw. Vergleichbarkeit von Transaktionen auf die wahrgenommene Preisunfairness ein. Wenn die Vergleichbarkeit von Transaktionen gering ausgeprägt ist, lassen sich Preisunterschiede leicht begründen. Der Konsument nimmt einen Preisunterschied in einer solchen Konstellation als weniger unfair wahr. Dabei gibt es verschiedene Faktoren, die die Vergleichbarkeit von Transaktionen beeinflussen (Xia et al., 2004, S. 4). Überträgt man diese Erkenntnisse auf die Untersuchung dieser Studie, führt eine neue Produkteigenschaft dazu, dass das Produkt schwieriger mit anderen Produkten dieser Klasse zu vergleichen ist. Verfügt es im Vergleich zum durchschnittlichen Marktpreis über einen hohen Preis, lässt sich dies auf die Produktunterschiede zurückführen, wonach ein hoher Preis als fairer wahrgenommen wird. Es ergibt sich folgende Hypothese:

| **$H_{10}$:** | Der (negative) Effekt eines hohen Preises auf die wahrgenommene Preisfairness ist geringer, wenn das Produkt eine innovative Komponente aufweist. |
|---|---|

### 3.3.4 Interaktionseffekt einer innovativen Komponente und einer Marke auf die Word-of-Mouth-Intention

In den Herleitungen der *Hypothesen $H_3$* und *$H_4$* wurde bereits auf einen direkten Effekt der Marke sowie einer innovativen Produktkomponente auf die WOM-Intention hingewiesen. Kombiniert sollten sich diese Effekte noch verstärken. Die Markenbekanntheit könnte dafür sorgen, dass einige Beweggründe eines Konsumenten, die gegen Mundpropaganda sprechen, beseitigt werden. Ein solches Hemmnis ist nach dem ETMoIC (Gatignon & Robertson, 1986) nämlich v. a. die Gefahr, dass der Konsument Aussagen macht, welche sich im Nachhinein als falsch erweisen (Gatignon & Robertson, 1986, S. 535; Mazzarol et al., 2007, S. 1486–1488). Dieses Risiko ist bei Innovationen noch größer, da eine Unsicherheit bzgl. der zukünftigen Performance des Produktes besteht.

Es wurde jedoch bereits mehrfach gezeigt, dass Marken verschiedene Funktionen erfüllen und deshalb diverse Vorteile aufweisen: dazu zählen die Information über die Herkunft eines Produkts, die Risikoreduktion, die Verringerung der Suchkosten, die Verbindung zum Unternehmen, das Qualitätssignal sowie der symbolische Wert (Keller, 2008, S. 7). All diese Faktoren können einem Konsumenten in Situationen der Ungewissheit Sicherheit geben, sodass er schließlich doch zu einem Produkt Stellung bezieht und anderen Nachfragern seine Einschätzung mitteilt. Schon *Gardner & Levy* (1955, S. 36 f.) waren der Ansicht, dass das positive Image angesehener Marken über eine lange Zeit anhalten kann. Außerdem zeigt *Wernerfelt* (1988, S. 458), dass Unternehmen ihre aufgebaute Reputation in Bezug auf die Produktqualität bei der Einführung neuer Produkte ausnutzen können. Der Kunde baut demnach durch wiederholte Transaktionen ein Vertrauen in die zukünftige Leistungserfüllung eines Unternehmens auf, was die WOM-Intention sicherlich begünstigt (Xia et al., 2004, S. 5). Diese Vermutung lässt sich durch die empirischen Erkenntnisse, dass ein höheres Maß an Vertrauen mit einer größeren Tendenz zur (vorteilhaften) Mundpropaganda einhergeht, bestätigen

(Gremler et al., 2001, S. 52; Ranaweera & Prabhu, 2003, S. 89). Es lässt sich also vermuten, dass eine bekannte Marke die Befürchtung eines Konsumenten, falsche Informationen zu liefern, zumindest merklich abschwächt und somit zu einer höheren WOM-Intention in Bezug auf innovative Produkte führt. Somit ergibt sich folgende Hypothese:

| **$H_{11}$:** | Der Effekt eines Produktes mit einer innovativen Komponente auf die WOM-Intention ist stärker, wenn es sich dabei um eine bekannte Marke handelt. |
|---|---|

*Abbildung 2* liefert eine Darstellung des Untersuchungsmodells, das sich durch eine Kombination aller hergeleiteten Forschungshypothesen aufstellen lässt.

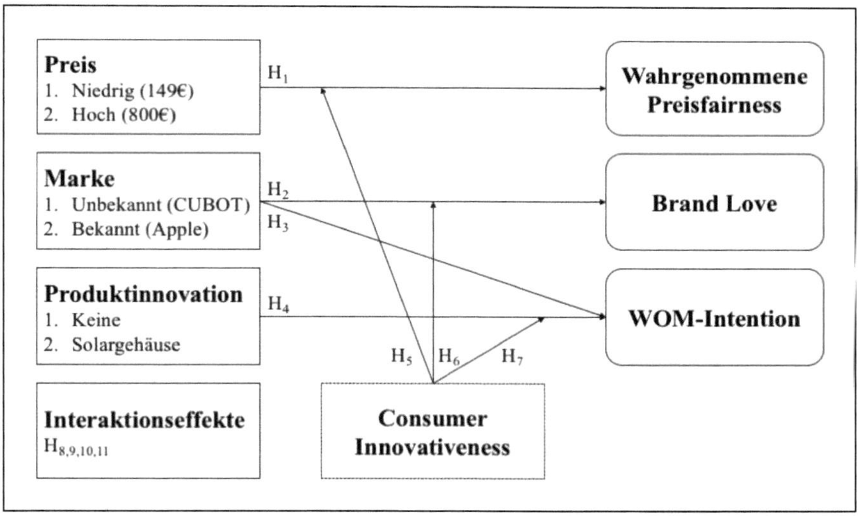


**Abbildung 2: Das Untersuchungsmodell**[3]

*Tabelle 1* liefert noch einen zusammenfassenden Überblick über alle zu überprüfenden Hypothesen.

[3] Eigene Darstellung

| | |
|---|---|
| $H_1$ | Die wahrgenommene Preisfairness ist bei einem hohen Preis geringer als bei einem niedrigen Preis. |
| $H_2$ | Die Brand Love ist bei einer bekannten Marke größer als bei einer unbekannten Marke. |
| $H_3$ | Die WOM-Intention ist bei einer bekannten Marke höher als bei einer unbekannten Marke. |
| $H_4$ | Wenn ein Produkt über innovative Eigenschaften verfügt, dann ist die WOM-Intention größer als ohne innovative Eigenschaften. |
| $H_5$ | Der (negative) Effekt eines hohen Preises auf die wahrgenommene Preisfairness ist geringer, wenn die Consumer Innovativeness stärker ausgeprägt ist. |
| $H_6$ | Der Markeneffekt auf die Brand Love ist schwächer, wenn die Consumer Innovativeness stärker ausgeprägt ist. |
| $H_7$ | Der Effekt einer innovativen Produktkomponente auf die WOM-Intention ist stärker, wenn eine höhere Consumer Innovativeness vorliegt. |
| $H_8$ | Der Effekt einer bekannten Marke auf die WOM-Intention ist stärker, wenn ein geringer Preis vorliegt. |
| $H_9$ | Der (negative) Effekt eines hohen Preises auf die wahrgenommene Preisfairness ist geringer, wenn es sich bei dem Produkt um eine bekannte Marke handelt. |
| $H_{10}$ | Der (negative) Effekt eines hohen Preises auf die wahrgenommene Preisfairness ist geringer, wenn das Produkt eine innovative Komponente aufweist. |
| $H_{11}$ | Der Effekt eines Produktes mit einer innovativen Komponente auf die WOM-Intention ist stärker, wenn es sich dabei um eine bekannte Marke handelt. |

**Tabelle 1: Übersicht der zu prüfenden Hypothesen**[4]

4 Eigene Darstellung

# 4. Empirische Untersuchung und Implikationen

## 4.1 Zur Wahl der Varianzanalyse als geeignete Untersuchungsmethode

Die in *Kapitel 3* hergeleiteten Hypothesen gilt es nun empirisch zu überprüfen. Zu diesem Zweck muss ein Analyseverfahren zur Anwendung kommen, welches die postulierten direkten Effekte und die Moderations- sowie die Interaktionseffekte der verschiedenen Faktoren auf die drei abhängigen Variablen zu schätzen vermag. Im vorliegenden Kapitel interessiert, weshalb die Varianzanalyse zum Einsatz kommt und welche Charakteristika sie aufweist.

Im Marketing werden häufig höchst komplexe Konstrukte untersucht, die nur durch eine Vielzahl von Variablen erklärbar sind. Aus diesem Grund sind die multivariaten Analyseverfahren, die es erlauben, mehrere Variablen gleichzeitig zu untersuchen, von enormer Relevanz für die Marketingforschung (Kuß et al., 2014, S. 245). Diese Verfahren werden i. d. R. in strukturprüfende und strukturentdeckende Methoden untergliedert. Bei der Dependenzanalyse (bzw. strukturprüfendes Verfahren) unterteilt man die Variablen in unabhängige und abhängige Variablen und überprüft anschließend, ob ein zuvor postulierter Zusammenhang zwischen ihnen besteht (Backhaus et al., 2016, S. 15; Kuß et al., 2014, S. 246). Dieser vermutete Zusammenhang basiert auf sachlogischen und/oder theoretischen Überlegungen des Forschers (Backhaus et al., 2016, S. 15). Finden die getroffenen Annahmen Bestätigung durch das Datenmaterial, können die unabhängigen die abhängigen Variablen zu einem gewissen Grad erklären. Bei der Interdependenzanalyse (bzw. strukturentdeckendes Verfahren) findet hingegen keine Unterteilung der Variablen statt, sodass auch keine Überprüfung möglicher Beziehungen zwischen unabhängigen und abhängigen Variablen durchführbar ist (Kuß et al., 2014, S. 246). Stattdessen sollen mit ihrer Hilfe Zusammenhänge im Datenmaterial entdeckt werden. In diesem Fall hat der Forscher also im Vorfeld noch keine Vorstellungen davon, welche Zusammenhänge zwischen den Variablen vorliegen könnten (Backhaus et al., 2016, S. 15).

Welche Analysemethode geeignet ist, hängt sowohl vom Zweck der Untersuchung als auch dem zur Verfügung stehenden Datenmaterial ab (Huber et al., 2014, S. 43). Da in der vorliegenden Studie zwischen unabhängigen und abhängigen Variablen unterschieden wird und hergeleitete Wirkungszusammenhänge zwischen diesen überprüft werden sollen, kommt die Varianzanalyse als strukturprüfendes Verfahren zur Anwendung (Backhaus et al., 2016, S. 15). Sie erlaubt eine Untersuchung der Wirkung von einer oder mehreren unabhängigen Variablen auf eine oder mehrere abhängige Variablen (Backhaus et al., 2016, S. 174; Kohn & Öztürk, 2017, S. 305). Erstere werden auf nominalem und Letztere, da sie mindestens intervallskaliert sein müssen, auf metrischem Skalenniveau gemessen (Bruhn, 2016, S. 114; Kuß et al., 2014, S. 247; Nieschlag et al., 2002, S. 491). Die abhängige Variable bezeichnet man im varianzanalytischen Kontext auch als Zielvariable, die unabhängige Variable nennt man auch Faktor oder Treatment (Backhaus et al., 2016, S. 175; Kohn & Öztürk, 2017, S. 305). Die Faktorstufen, also die verschiedenen Gruppen, sind die jeweiligen Ausprägungen der Faktoren (Backhaus et al., 2016, S. 175).

Leitgedanke der Varianzanalyse ist es, die Varianzen innerhalb dieser Gruppen mit denen zwischen den Gruppen zu vergleichen. Ist bei diesem Vergleich die Varianz zwischen den Gruppen größer, suggeriert dies einen Einfluss der Gruppenzugehörigkeit und somit der unabhängigen Variablen (Kuß et al., 2014, S. 249). Diese Eigenschaft ist ein Grund dafür, weshalb die Varianzanalyse häufig für die Auswertung von Experimenten, bei denen i. d. R. der Vergleich von Versuchs- und Kontrollgruppen im Mittelpunkt steht, Anwendung findet (Backhaus et al., 2016, S. 174; Bruhn, 2016, S. 114; Kuß et al., 2014, S. 247). Da eine Varianzanalyse beliebig viele Gruppenmittelwerte simultan vergleicht, kann sie als eine Erweiterung des t-Tests, welcher nur den Vergleich von zwei Gruppen ermöglicht, verstanden werden (Holtmann, 2010, S. 164; Kuß et al., 2014, S. 247). Je nachdem wie viele unabhängige Variablen und abhängige Variablen im Untersuchungsdesign Berücksichtigung finden, kann zwischen verschiedenen Arten von Varianzanalysen unterschieden werden. Wenn nur eine abhängige Variable vorliegt, handelt es sich um eine univariate Varianzanalyse, die sog. Analysis of Variance (ANOVA; Backhaus et al., 2016, S. 175). In Abhängigkeit von der Anzahl an Faktoren wird diese dann noch genauer als einfaktorielle oder zweifaktorielle (usw.) ANOVA bezeichnet (Kohn & Öztürk, 2017, S. 305). Liegen mehrere Zielvariablen vor, so spricht man von einer multivariaten oder mehrdimensionalen Varianzanalyse (MANOVA; Backhaus et al., 2016, S. 175). Mehrfaktorielle Designs haben den großen Vorteil, dass sie durch die simultane Untersuchung mehrerer Faktoren deutlich effizienter sind als separate Analysen der einzelnen Faktoren. Darüber hinaus können so Interaktionseffekte zwischen den unabhängigen Variablen untersucht und die nicht erklärte Varianz verringert werden (Backhaus et al., 2016, S. 185). Interaktionseffekte liegen dann vor, wenn ein anderer Faktor den Effekt einer unabhängigen Variablen auf die Zielvariable beeinflusst (Magerhans, 2016, S. 148). Bezieht man noch sog. Kovariate in die Analyse ein, handelt es sich um eine Kovarianzanalyse – (Multivariate) Analysis of Covariance bzw. (M)ANCOVA. Kovariate sind erklärende Variablen die zusätzlich zu den Faktoren des Untersuchungsdesigns auf die Zielgröße(n) wirken (Backhaus et al., 2016, S. 198).

Nach *Backhaus et al.* (2016, S. 175) sind zur Durchführung einer Varianzanalyse drei Schritten erforderlich. Zuerst gilt es, das Untersuchungsmodell zu formulieren und die Gruppenmittelwerte sowie den Gesamtmittelwert der erhobenen Daten zu bestimmen. Zur Feststellung, ob vorrangig die Faktoren und nicht die Störgrößen die erzielten Effekte hervorrufen, findet im zweiten Schritt eine Streuungszerlegung der Gesamtabweichung in eine erklärte und eine nicht erklärte Abweichung statt (Backhaus et al., 2016, S. 177–179). Auf Basis dieser Streuungszerlegung kann mit Hilfe des Eta-Quadrats eine erste Aussage über die Güte des Modells getroffen werden. Das Eta-Quadrat ist ein normiertes Maß, das Werte zwischen null und eins annehmen kann. Es errechnet sich, indem man die erklärte Streuung durch die Gesamtstreuung dividiert. Die Kennzahl offenbart somit den Erklärungsgehalt des Modells. In einem letzten Schritt interessiert dann durch Einbeziehung des Datenumfangs die statistische Signifikanz, die es mit Hilfe des F-Test zu ermitteln gilt. Indem der Marktforscher die erklärte und die nicht erklärte Varianz ins Verhältnis zueinander setzt, erhält er den empirischen F-Wert (Backhaus et al., 2016, S. 181 f.). Mit wachsendem, empirischem F-Wert sinkt die Wahrscheinlichkeit, dass die gefundenen Wirkungszusammenhänge nur zufälliger Natur sind (Kuß et al., 2014, S. 251). Ausgangspunkt der finalen Überprüfung ist die Nullhypothese, die impliziert, dass die Faktorstufen keine Auswirkung auf die Zielvariable haben (Mittag, 2012, S. 257). Sie wird verworfen, wenn der empirische F-Wert den theoretischen F-Wert übertrifft. Der theoretische F-Wert hängt zum einen von den Freiheitsgraden und zum anderen von dem gewählten Signifikanzniveau ab. Lässt sich die Nullhypothese durch Ermittlung des F-Wertes verwerfen, so haben die Faktorstufen einen signifikanten Einfluss auf die Zielvariable (Backhaus et al., 2016, S. 183). Bevor die Ergebnisse der Varianzanalyse abschließend untersucht und interpretiert werden können, ist die Überprüfung einiger statistischer Annahmen, die die Voraussetzungen für die Durchführung einer Varianzanalyse bilden, erforderlich – dies geschieht in *Kapitel 4.6.*

Bezogen auf das vorliegende Untersuchungsmodell wurden bereits verschiedene Wirkungszusammenhänge postuliert, die es nun empirisch zu überprüfen gilt. Ein strukturprüfendes Verfahren ist deshalb für diesen Zweck die geeignete Wahl (vgl. Backhaus et al., 2016, S. 15). Außerdem sollen die direkten Einflüsse und Interaktionseffekte der drei Faktoren (Preis, Marke und Produktinnovation) mit jeweils zwei Ausprägungen auf die drei Zielvariablen (wahrgenommene Preisfairness, Brand Love und WOM-Intention) und die Wirkung des Moderators Consumer Innovativeness eine Analyse erfahren. Aufgrund der vorangegangenen Erörterung der Varianzanalyse sollte deutlich geworden sein, dass diese eine adäquate Methode zur Auswertung der Daten repräsentiert. Es handelt sich hierbei, aufgrund der Anzahl an unabhängigen Variablen und abhängigen Variablen, um eine dreifaktorielle MANOVA mit der ein experimentelles 2x2x2-Design untersucht werden soll (vgl. Backhaus et al., 2016, S. 175; Kohn & Öztürk, 2017, S. 305). Für die Umsetzung der Analyse kommt das Programm IBM SPSS Statistics Version 23 zum Einsatz.

## 4.2 Konzeption der Studie

### 4.2.1 Darstellung der Datenerhebung sowie des Untersuchungsdesigns

Nach der Identifikation der Varianzanalyse als geeignetes Werkzeug für eine empirische Untersuchung der postulierten Zusammenhänge bedarf es nun einer detaillierten Darstellung des Untersuchungsdesigns. Da es den Einfluss verschiedener Faktoren auf mehrere Zielvariablen zu untersuchen gilt, stellt das Experiment eine zweckdienliche Methode dar. Ein Experiment ermöglicht dem Forscher, verschiedene unabhängige Variablen zu manipulieren und dadurch deren Einfluss auf eine oder mehrere abhängige Variablen zu messen. Je nach Problemstellung werden i. d. R. Befragungen oder Beobachtungen für die Datenerhebung herangezogen (Kuß et al., 2014, S. 45). Sowohl beim Moderator als auch bei den abhängigen Variablen des vorliegenden Untersuchungsmodells handelt es sich um Konstrukte, die sich nur schwer bzw. gar nicht beobachten lassen. Stattdessen müssen sie durch Selbsteinschätzungen der Probanden anhand von Fragebögen erhoben werden.

Damit mögliche Erkenntnisse dieser Studie auch aussagekräftig sind, muss eine ausreichend große Anzahl an Probanden vorliegen (Huber et al., 2014, S. 29 f.). Dafür eignet sich eine Online-Befragung im besonderen Maße, denn sie verspricht bei geringen Kosten – neben weiteren Vorteilen wie der automatischen Datenerfassung und der schnellen Ansprache von Untersuchungsteilnehmern – v. a. eine große Reichweite (Meffert et al., 2015, S. 150). Für die Erstellung des Online-Fragebogens dieser Studie kam das Programm SoSci Survey zur Anwendung.

Der Link zur Befragung wurde per E-Mail im Netzwerk der Autoren verbreitet und darüber hinaus auf verschiedenen Social Media Plattformen sowie in ausgewählten Foren platziert. Um die Reichweite des Online-Fragebogens zu erhöhen, erfolgte zudem die Platzierung der

Umfrage auf den wissenschaftlichen Plattformen Survey Circle und Thesius. Beide Plattformen haben zum Zweck, dass andere Studienleiter einen Anreiz haben, an fremden Befragungen teilzunehmen. Survey Circle erreicht dies mit Hilfe eines speziellen Rankingsystems: Durch die Teilnahme an anderen Umfragen, steigt die eigene Studie im Ranking auf, wodurch Probanden mehr Punkte für die Beantwortung dieser Umfrage erhalten (SurveyCircle, 2018). Bei Thesius hingegen erhält der Proband pro ausgefülltem Fragebogen ein Los, welches seine Gewinnchancen auf Sachpreise erhöht (Thesius, 2018). Doch auch für Teilnehmer der Studie, die keine Nutzer von Survey Circle oder Thesius sind, gab es einen Anreiz für die Beantwortung des Fragebogens. Jeder Proband hatte die Möglichkeit, nach der eigentlichen Befragung an der Verlosung von zwei Amazon.com-Gutscheinen im Wert von jeweils 25€ teilzunehmen. Bis zum 19.02.2018 konnte mit 615 Probanden die Mindestanzahl vollständig ausgefüllter Datensätze deutlich überschritten werden (Huber et al., 2014, S. 29).

Wie bereits geschildert, soll im Rahmen dieser Studie mit Hilfe einer Varianzanalyse ein experimentelles 2x2x2-Design anhand von Smartphones untersucht werden. Die Wahl fiel auf Smartphones als Untersuchungsgegenstand, weil seitens der Probanden ein ausreichend großes Interesse gegenüber diesem Produkt besteht und sie deshalb gewillt sind, den Fragebogen in vollem Umfang zu beantworten (vgl. Theobald, 2017, S. 382). Smartphones besitzen nicht nur eine große Gegenwartsbezogenheit, sie haben sich außerdem zu einem ständigen Begleiter entwickelt, der die Menschen ununterbrochen vernetzt und ihnen sowohl Unterhaltung als auch wichtige Anwendungen für die Arbeit liefert (Attri et al., 2017, S. 23; Chen & Ann, 2016, S. 227). Dies spiegeln auch die Absatzahlen wider. Seit 2010 steigen diese ständig. Alleine im Jahr 2016 wurden 1.473 Mio. Stück verkauft, Tendenz weiter steigend (IDC, 2017).

Um die Hypothesen an der Realität zu überprüfen, dienten die Marke, der Preis und die Produktinnovation als Faktoren im varianzanalytischen Untersuchungsaufbau (vgl. Kuß et al., 2014, S. 136). Die Faktorstufen der Marke sind „unbekannt“ (CUBOT) und „bekannt“ (Apple), der Preis kann „niedrig“ (149€) oder „hoch“ (800€) ausgeprägt sein, und es kann außerdem – mit einem Solargehäuse – entweder eine innovative Produktkomponente vorliegen oder nicht. *Tabelle 2* liefert einen zusammenfassenden Überblick über die verschiedenen Faktoren sowie deren Ausprägungen.

| **Faktoren** | **Faktorstufen** | | | | | | | |
|---|---|---|---|---|---|---|---|---|
| Marke | Unbekannt (CUBOT) | | | | Bekannt (Apple) | | | |
| Preis | Niedrig (149€) | | Hoch (800€) | | Niedrig (149€) | | Hoch (800€) | |
| Produktinnovation | Nein | Ja | Nein | Ja | Nein | Ja | Nein | Ja |

**Tabelle 2: Faktoren und Faktorstufen des Experiments**[5]

Beim Faktor Marke kamen mit CUBOT und Apple zwei reelle Marken zum Einsatz. Auf diese Weise konnten sich die Probanden besser in die Situation hineinversetzen. Insbesondere seit der Markteinführung des ersten iPhones im Jahr 2007 hat Apple bei den Konsumenten ein starkes Interesse geweckt und eine hohe Markenbekanntheit aufgebaut (Cecere et al., 2015, S. 162; Hollebeek & Chen, 2014, S. 65). Die Erfolgsgeschichte des iPhones hat den Markt und damit auch die Verwendung von mobilen Endgeräten revolutioniert (Pressman, 2017, S. 24; The Economist Group Limited, 2017). Aus diesem Grund wurde Apple als bekannte Marke ausgewählt. Als unbekannte Marke hingegen dient CUBOT. Sie ist eine weniger bekannte Marke aus dem unteren Preissegment. Gleichwohl ähneln sich die beiden Produkte optisch, so dass ästhetische Unterschied nicht zu Verzerrungen führen.

Die Ausprägungen des Preises basieren auf den Ergebnissen eines Pretests, welche mit Hilfe aktueller Marktdaten angepasst wurden. Eine detaillierte Darstellung des Pretests liefert *Kapitel 4.2.2.* Als innovative Produktkomponente fungiert ein sog. Solargehäuse. Die Produktkomponente sorgt laut Erklärungstext im Szenario dafür, dass sich das Smartphone bei ausreichender Helligkeit automatisch auflädt. Gewählt wurde diese Eigenschaft, weil sie zum einen innovativ und ihr Nutzen zum anderen sehr leicht nachvollziehbar ist (vgl. Keil et al., 1995, S. 75; Moldovan et al., 2011, S. 110). *Moldovan et al.* (2011, S. 114) haben in ihrer Studie, in der sie den Einfluss der Neuartigkeit und Nützlichkeit eines Produktes auf die Menge und Wertigkeit von WOM untersuchen, ebenfalls eine Solarhülle eingesetzt und konnten bzgl. beider Eigenschaften eine positive Manipulation nachweisen. Auch unter Einbeziehung der Arbeiten von *Attri et al.* (2017, S. 33) sowie *Ganesan & Sridhar* (2014, S. 77) sollte ein solcher Akku den Nutzen für den Konsumenten deutlich steigern. Kombiniert man nun die genannten Faktorstufen miteinander, ergeben sich acht mögliche Szenarien, welche in *Tabelle 3* illustriert werden.

[5] Eigene Darstellung

| **Szenario** | **Marke** | **Preis** | **Produktinnovation** |
|---|---|---|---|
| Szenario 1 | Unbekannt (CUBOT) | Niedrig (149€) | Keine |
| Szenario 2 | Unbekannt (CUBOT) | Niedrig (149€) | Solargehäuse |
| Szenario 3 | Unbekannt (CUBOT) | Hoch (800€) | Keine |
| Szenario 4 | Unbekannt (CUBOT) | Hoch (800€) | Solargehäuse |
| Szenario 5 | Bekannt (Apple) | Niedrig (149€) | Keine |
| Szenario 6 | Bekannt (Apple) | Niedrig (149€) | Solargehäuse |
| Szenario 7 | Bekannt (Apple) | Hoch (800€) | Keine |
| Szenario 8 | Bekannt (Apple) | Hoch (800€) | Solargehäuse |

**Tabelle 3: Übersicht der verschiedenen Szenarien**[6]

Über die URL (https://www.soscisurvey.de/mams17/) gelangten die Besucher im Zeitraum vom 28.12.2017 bis 19.02.2018 direkt auf die Startseite des Fragebogens. Diese Startseite informierte die Probanden über den Zweck der Studie, die Anonymisierung und Vertraulichkeit der Daten sowie die Möglichkeit der freiwilligen Teilnahme an der Verlosung der Amazon.com-Gutscheine am Ende der Befragung.

Im Anschluss mussten die Probanden die Skala zur Erhebung der Consumer Innovativeness, also des Moderators des Untersuchungsmodells, beantworten. Um die moderierenden Effekte der Consumer Innovativeness zu analysieren, werden die Probanden vor der Auswertung mit Hilfe eines Median-Splits in eine Gruppe mit einer stark und in eine Gruppe mit einer schwach ausgeprägten Innovativeness aufgeteilt. Der Moderator sowie alle abhängigen Variablen werden mit einer siebenstufigen Likert-Skala abgefragt. Die Endpunkte der Skala lauteten „stimme gar nicht zu“ und „stimme voll und ganz zu“. Eine genaue Erläuterung der jeweiligen Operationalisierung sowie der Reliabilität der Konstrukte folgt in *Kapitel 4.4.*

Weiterhin wurde in die Item-Batterie der Consumer Innovativeness ein sog. „Attention Check“ eingebaut, bei dem die Probanden, unabhängig von der Frage, die Antwort „stimme voll und ganz zu“ auswählen mussten. Dieser Test sollte sicherstellen, dass die Fragen auch tatsächlich aufmerksam gelesen werden. Hat ein Untersuchungsteilnehmer diesen Test nicht bestanden, erschien auf dem Bildschirm der Hinweis mit der Bitte um Aufmerksamkeit. Durch einen Klick auf den Button „weiter“ konnte der Proband den Fragebogen neu starten.

6 Eigene Darstellung

Nach der Beantwortung der Fragen zur Moderatorvariablen wurde jeder Proband zufällig einem der acht möglichen Szenarien zugeteilt. Zur Gruppierung diente eine Randomisierung, also eine zufällige Verteilung der Probanden auf die unterschiedlichen Szenarien (vgl. Huber et al., 2014, S. 26). Da jeder Versuchsteilnehmer nur ein Szenario zu sehen bekam, kam also das sog. Between-Subjects-Design zur Anwendung (Kuß et al., 2014, S. 179). Jedes Szenario enthielt für den Probanden die Anweisung, dass er sich das Smartphone und dessen Merkmale aufmerksam anschauen, sich diese einprägen und notfalls notieren möge. Weiterhin wurde mit reellen Produktbildern gearbeitet, damit sich die Versuchsteilnehmer gut in die Situation hineinversetzen konnten.

Nachdem der Versuchsteilnehmer sich mit dem jeweiligen Szenario vertraut gemacht hatte, folgte die Befragung hinsichtlich der Konstrukte WOM-Intention, Preisfairnesswahrnehmung sowie Brand Love. Aufgrund der im Untersuchungsdesign festgelegten a priori Manipulation der unterschiedlichen Merkmalsausprägungen des Smartphones, müssen vor der Auswertung der Ergebnisse sog. Manipulation Checks zum Einsatz kommen. Mit deren Hilfe gilt es zu prüfen, ob die Faktorstufen vom Probanden tatsächlich unterschiedlich wahrgenommen wurden (Huber et al., 2014, S. 57). Als Manipulation Check dient beispielsweise die Frage, ob die Probanden Apple wirklich als bekannt und CUBOT als unbekannt empfunden haben. Auch für die Faktoren Preis und Produktinnovation musste der Proband ähnliche Fragen zur Prüfung der erfolgreichen Manipulation beantworten. Die Ergebnisse der Checks sind in *Kapitel 4.5* ersichtlich.

Danach bat der Untersuchungsleiter die Probanden noch um Auskunft zu einigen allgemeinen Fragen. Neben Alter, Geschlecht, Beschäftigungsart und Einkommen der Probanden wurde außerdem der geschätzte Wert (bei Erhalt) des sich aktuell im Besitz des Probanden befindlichen Smartphones sowie das Betriebssystem erfragt. Dies ist deshalb wichtig, weil eine unausgeglichene Stichprobe in Bezug auf diese beiden Eigenschaften Auswirkungen auf die Ergebnisse und mögliche Implikationen haben kann. Zuletzt hatte jeder Versuchsteilnehmer die Möglichkeit, freiwillig seine E-Mail-Adresse zu hinterlassen, um an der Verlosung der Amazon.com-Gutscheine teilzunehmen.

### 4.2.2 Pretest zur Bestimmung der Faktorstufen des Preises

Der vorherige Abschnitt lieferte eine Beschreibung der Vorgehensweise bei der Datenerhebung sowie des Untersuchungsdesigns. Die Faktorstufen des Preises wurden bei der Befragung a priori manipuliert und hatten die Ausprägungen „hoch" und „niedrig". Wichtig bei einer solchen Manipulation ist, dass die Probanden diese Stimuli auch wie vorgesehen wahrnehmen, damit die späteren Ergebnisse einen gewissen Erklärungsgehalt aufweisen können (Huber et al., 2014, S. 57). Doch welchen Preis – in diesem Fall eines Smartphones – sehen Konsumenten als hoch bzw. niedrig an? Die Literatur liefert in Bezug auf Preismanipulationen nur wenig Hilfestellung (Heußler et al., 2009, S. 335). Deshalb wurde mit dem von *van Westendorp* (1976) entwickelten Price Sensitivity Meter (PSM) ein klassisches Instrument für die Messung von Preiswahrnehmung herangezogen (Müller, 2008, S. 5), um die interessierenden Faktorstufen zu identifizieren. Diese Vorgehensweise erlaubt es, die Preisbereitschaft der Konsumenten direkt abzufragen (Breidert et al., 2006, S. 14; Kloss & Kunter, 2016, S. 46; Müller, 2008, S. 11). Direkte Befragungen der Preisbereitschaft haben neben Zeit- und Kostenersparnissen den Vorteil, dass sie für neue Produkte geeignet sowie einfach zu erheben sind und wenig Vorwissen seitens der Probanden verlangen. Natürlich sind solche Messungen auch mit gewissen Nachteilen verbunden. So überschätzen die Befragten häufig ihre eigene Preissensitivität (Lipovetsky et al., 2011, S. 168). Weiterhin haben die Probanden nicht unbedingt einen Anreiz, ihre wahre Preisbereitschaft zu offenbaren (Breidert et al., 2006, S. 14).

Eine Stärke des PSM ist die Berücksichtigung des dualen Charakters von Preisen: Damit ist gemeint, dass Preise sowohl eine Allokations- als auch eine Informationsfunktion innehaben. Demnach sind bspw. hohe Preise zwar mit einem größeren Input verbunden, signalisieren jedoch auch eine höhere Qualität, was wiederum das Kaufrisiko senkt (Müller, 2008, S. 10). Kommt dieses Verfahren in der Marktforschung zum Einsatz, so wird angenommen, dass für jede Produkt- und Qualitätsklasse ein angemessener Preis existiert (Lipovetsky et al., 2011, S. 170). Um diesen zu entschlüsseln, werden vier verschiedene Preispunkte anstelle nur eines konkreten Preises erfragt (Kloss & Kunter, 2016, S. 47; Lipovetsky et al., 2011, S. 170; Müller, 2008, S. 11). Die Formulierung der Frage lautet dabei: „Bei welchem Preis empfinden Sie X[7] als 1) *günstig*, 2) *teuer*, 3) *zu teuer*, sodass ein Kauf nicht mehr in Frage kommt und 4) *zu billig*, sodass Sie an der Qualität zweifeln?" Die Antworten auf diese Fragen werden kumuliert betrachtet und als Kurven dargestellt. Außerdem werden mit *nicht günstig* und *nicht teuer* als Umkehrung von *günstig* und *teuer* zwei weitere Kurven gebildet. Die Schnittpunkte der vier Kurven (*nicht günstig*, *nicht teuer*, *zu teuer*, *zu billig*) ergeben vier kritische Preispunkte (Kloss & Kunter, 2016, S. 47 f.). Erstens den Punkt der marginalen Günstigkeit (Schnittpunkt

[7] „X" stellt hier einen Platzhalter dar, für den ein beliebiges Produkt eingesetzt werden kann.

von *nicht günstig* und *zu billig*), zweitens den Punkt der marginalen Teuerung (Schnittpunkt von *nicht teuer* und *zu teuer*), drittens den optimalen Preispunkt (Schnittpunkt von *zu teuer* und *zu billig*) und viertens den Indifferenzpunkt (Schnittpunkt von *teuer* und *günstig*). Die Punkte der marginalen Günstigkeit und Teuerung stellen in diesem Zusammenhang die Preisuntergrenze bzw. die Preisobergrenze dar (Müller, 2008, S. 13). Das zentrale Ergebnis des PSM ist also die Identifikation einer akzeptablen Preisspanne (Kloss & Kunter, 2016, S. 48).

Auch für den Pretest zur Ermittlung der Faktorstufen des Preises kam das Softwarepaket SoSci Survey zur Anwendung. Der Link zur Umfrage wurde in diesem Fall ausschließlich per E-Mail verbreitet. Mit dem Aufruf der Befragung erhielten die Probanden zunächst Informationen zum Zweck des Pretests, bevor sie um Auskunft zu den vier Preisfragen gebeten wurden. Konkret lauteten diese wie folgt: Bei welchem Preis (in €) bewerten Sie ein Smartphone als: 1) „günstig? Der Preis ist angemessen.", 2) „zu billig? Sie zweifeln aufgrund des geringen Preises an der Qualität des Smartphones.", 3) „teuer? Der Preis ist gerade noch akzeptabel.", und 4) „zu teuer? Sie würden einen Kauf nicht mehr in Erwägung ziehen.". Außerdem wies der Untersuchungsleiter im Einführungstext die Probanden darauf hin, dass sie sich bei der Beantwortung dieser Fragen ein durchschnittliches Smartphone vorstellen mögen, welches ihre funktionalen Erwartungen erfüllt, jedoch nicht das leistungsstärkste, aktuell auf dem Markt verfügbare Gerät repräsentiert. Weiterhin wurden sie darüber informiert, dass es sich bei dem (imaginären) Smartphone nicht um ihr aktuelles Gerät handeln muss. Damit sollten zu extreme Vorstellungen der Probanden vermieden werden. Die letzte Seite enthielt noch einige allgemeine Fragen zur Person. Dazu zählten Geschlecht, Alter, Einkommen und ungefährer Wert (bei Erhalt) des Smartphones.

Die Befragung von 50 Probanden mit einem durchschnittlichen Alter von 28,4 Jahren ergibt eine Preisuntergrenze i. H. v. 150€ sowie eine Preisobergrenze i. H. v. 500€. Der durchschnittliche Wert bei Erhalt des Smartphones liegt bei 437,36€, was nahezu deckungsgleich mit den Ergebnissen einer aktuellen Studie der GfK über den Durchschnittspreis von verkauften Smartphones in Deutschland ist. Die GfK sowie der BVT ermittelten für die ersten sechs Monate im Jahr 2017 einen Durchschnittspreis von 432€ pro verkauftem Smartphone (GfK; gfu; BVT, 2017).

Unter Einbeziehung aktueller Marktpreise sowie des durchschnittlichen Smartphonepreises fällt auf, dass nur die untere Preisgrenze realistisch ist – die obere Preisgrenze muss hingegen angepasst werden. Denn zum einen ist der Abstand zwischen Durchschnittspreis und Preisobergrenze zu gering. Zum anderen liegen die Kaufpreise der Smartphones der aktuellen Marktführer deutlich über dieser Grenze (vgl. Reisinger, 2018). Sowohl das iPhone 8 von Apple als auch das Galaxy S8 von Samsung kosten in ihrer Grundausstattung 799€ (Apple Inc., 2018; Samsung Electronics GmbH, 2018). Eine Berücksichtigung dieser Marktpreise erscheint als sinnvoll. Die Ursache für diese Abweichung zwischen der erhobenen Preisobergrenze und den Marktpreisen könnte in der bereits erwähnten Überschätzung der eigenen Preissensitivität bei direkten Befragungen liegen (Lipovetsky et al., 2011, S. 168).

Aufgrund des Preisschwelleneffekts wurden als Faktorstufen des Preises jedoch nicht 150€ und 799€, sondern 149€ und 800€ gewählt. Der Preisschwelleneffekt basiert auf den Erkenntnissen der Psychophysik zur Erklärung von Wahrnehmungsschwellen. Die Kernaussage der Psychophysik übertragen auf Preisschwellen besteht darin, dass Kunden Preise unterhalb einer Preisschwelle als deutlich günstiger wahrnehmen, d. h. dass sich das Preisgünstigkeitsurteil beim Erreichen einer solchen Schwelle sprunghaft verändert (Homburg & Koschate, 2005, S. 12). Zwischen diesen Preisschwellen ist der wahrgenommene Preis hingegen identisch (Diller, 2008, S. 129). Mit der Berücksichtigung des Preisschwelleneffekts soll sichergestellt werden, dass nicht von einigen Probanden der günstige Preis der nächst höheren Preiskategorie und der hohe Preis der nächst günstigeren Preiskategorie zugeordnet wird.

### 4.3 Deskriptive Auswertung der empirischen Studie

Die Stichprobe der vorliegenden Studie umfasst 615 vollständig ausgefüllte Fragebögen. Das durchschnittliche Alter der Probanden liegt bei 31,66 Jahre und ist somit deutlich niedriger als der Altersdurchschnitt der deutschen Bevölkerung im Jahre 2015 (45 Jahre; Statistisches Bundesamt, 2017)[8]. Die Teilnehmer der Befragung konnten ihr genaues Alter in einem freien Textfeld angeben. Damit eine leichtere Übersicht hinsichtlich des Altersgefüges möglich ist, wurden die Angaben im Nachhinein gruppiert. Die Probanden im Alter zwischen 21 und 30 Jahren bilden mit einem Anteil von 57,9% die stärkste Gruppe, gefolgt von den Teilnehmern zwischen 31 und 40 Jahren, die einen Anteil von 20,0% aufweisen. Die verbleibenden Probanden verteilen sich relativ gleichmäßig auf die restlichen Altersgruppen. Eine weitere interessante Eigenschaft der Probanden ist deren aktuelle Beschäftigung. Hier repräsentieren die Angestellten mit 42,8% und die Studierenden mit 40,5% die große Mehrheit der Untersu-

[8] Aktuellere Studienergebnisse mit einer vergleichbar hohen Glaubwürdigkeit, waren zu diesem Zeitpunkt nicht verfügbar. Für einen Vergleich sollte die Aktualität dieser Quelle jedoch ausreichen.

chungsteilnehmer. Die Selbstständigen weisen nur 6,2 % Prozent auf, dicht gefolgt von den 6% der Befragten, die ihre aktuelle Beschäftigung mit „Sonstiges“ beschrieben haben. Die restlichen Gruppen – die Schüler, Rentner und Arbeitssuchenden – machen nur einen vernachlässigbaren Anteil der Stichprobe aus. Weiterhin wurde das monatliche Nettoeinkommen der Probanden abgefragt. Die Mehrheit der Untersuchungsteilnehmer (32,4%) erhalten ein monatliches Nettoeinkommen von unter 1000€. Die nächst höheren Kategorien, die ausgewählt werden konnten, weisen mit 26,0% für ein Einkommen zwischen 1000€ und 2000€ und 24,2% für ein Einkommen zwischen 2001€ und 3500€ einen ähnlich hohen Anteil auf. 9,1% der Probanden erhalten monatlich über 3500€ netto, und 8,3% verweigerten eine genaue Angabe.

Neben den soziodemographischen Fragen wurden den Teilnehmern auch zwei Fragen zu ihren aktuellen Smartphones gestellt. Zuerst sollten sie in einem freien Textfeld angeben, wie viel ihr Smartphone beim Kauf ungefähr wert war. Der durchschnittliche, geschätzte Wert liegt hier bei 531,01€. Als zweites sollten die Befragten angeben, welches Betriebssystem sie aktuell nutzen (der Fragebogen enthielt hierzu einige Beispiele, welche Marken i. d. R. durch welche Betriebssysteme unterstützt werden). Hier verteilen sich mit 48,8% bzw. 47,8% etwa gleich viele Probanden auf die marktführenden Betriebssysteme iOS und Android. Ein solches Gleichgewicht ist für die spätere Interpretation von besonderer Relevanz, da Apple als Stimulus für eine bekannte Marke und zur Untersuchung von Brand Love gewählt wurde. Ein unverhältnismäßig großer Anteil von iOS- oder Android-Nutzern würde die Übertragbarkeit der Ergebnisse dieser Studie möglicherweise einschränken. Lediglich eine vernachlässigbare Minderheit der Befragten nutzt ein anderes Betriebssystem wie z. B. Windows. *Tabelle 4* liefert eine zusammengefasste Darstellung der beschriebenen Eigenschaften der Stichprobe.

Wie bereits in dem Abschnitt zur Erläuterung der Datenerhebung und des Untersuchungsdesigns beschrieben wurde, mussten die Probanden für die Analyse der Moderationseffekte mit Hilfe eines Median-Splits in solche mit einer geringen (Nicht-Innovatoren) und mit einer hohen Consumer Innovativeness (Innovatoren) unterteilt werden.

Nach Auswertung der Angaben wurden 308 Probanden (50,1%) der Gruppe der Innovatoren und die verbleibenden 307 Probanden (49,1%) den Nicht-Innovatoren zugeordnet. Ein Altersunterschied ist zwischen den Probanden mit einer geringen bzw. hohen Innovativeness nicht erkennbar: Erstere sind im Durchschnitt 32,01 und Letztere 31,31 Jahre alt.

| **Merkmal** | **Ausprägung** | **Anzahl (Anteil in %)** |
| --- | --- | --- |
| Geschlecht | Weiblich | 314 (51,1%) |
| | Männlich | 301 (48,9%) |
| Alter | < 20 Jahre | 20 (3,3%) |
| | 21 – 30 Jahre | 356 (57,9%) |
| | 31 – 40 Jahre | 123 (20,0%) |
| | 41 – 50 Jahre | 57 (9,3%) |
| | 51 – 60 Jahre | 51 (8,3%) |
| | > 60 Jahre | 8 (1,3%) |
| Beschäftigung | Schüler/in | 13 (2,1%) |
| | Studierende/r | 249 (40,5%) |
| | Angestellte/r | 263 (42,8%) |
| | Selbstständige/r | 38 (6,2%) |
| | Rentner/in | 8 (1,3%) |
| | Arbeitssuchend | 7 (1,1%) |
| | Sonstiges | 37 (6,0%) |
| Monatliches Nettoeinkommen | < 1000€ | 199 (32,4%) |
| | 1000 – 2000€ | 160 (26,0%) |
| | 2001 – 3500 € | 149 (24,2%) |
| | > 3500€ | 56 (9,1%) |
| | Keine Angabe | 51 (8,3%) |
| Betriebssystem des aktuellen Smartphones | Android | 294 (47,8%) |
| | iOS | 300 (48,8%) |
| | Windows | 17 (2,8%) |
| | Sonstiges | 4 (0,7%) |

**Tabelle 4: Ergebnisse der allgemeinen Fragen zur Person**[9]

Bei der Beschäftigung hingegen lassen sich Unterschiede feststellen. Während sich die Mehrheit der Nicht-Innovatoren aus Studierenden zusammensetzt, ist der Großteil der Innovatoren in einem Angestelltenverhältnis. Dies spiegelt sich natürlich auch im Einkommensgefüge wider. Während die meisten Nicht-Innovatoren ein monatliches Nettoeinkommen von weniger als 1000€ erhalten, liegt das der Innovatoren zwischen 2001€ und 3500€. Auch beim Kauf von Smartphones unterschieden sich die beiden Gruppen. Der Wert der Smartphones der Untersuchungsteilnehmer mit einer vergleichsweise schwach ausgeprägten Consumer Innovativeness betrug durchschnittlich 376,40€. Außerdem nutzt diese Gruppe vorrangig Android-Geräte. Demgegenüber schätzte die innovativere Gruppe den Wert ihres Gerätes bei Erhalt auf durchschnittlich 685,11€. Weiterhin nutzen sie tendenziell eher Smartphones mit iOS-

9 Eigene Darstellung

Betriebssystem – also iPhones. *Tabelle 5* zeigt die Modal- bzw. Mittelwerte der für den Gruppenvergleich relevanten Merkmale.

| Merkmal | Gruppe | Modus (Anteil in %) | Mittelwert |
|---|---|---|---|
| Alter | Nicht-Innovatoren | - | 32,01 Jahre |
| | Innovatoren | - | 31,31 Jahre |
| Beschäftigung | Nicht-Innovatoren | Studierende/r (45,6%) | - |
| | Innovatoren | Angestellte/r (45,8%) | - |
| Monatliches Nettoeinkommen | Nicht-Innovatoren | < 1000€ (38,1%) | - |
| | Innovatoren | 2001 – 3500€ (28,6%) | - |
| Geschätzter Wert des aktuellen Smartphones bei Erhalt | Nicht-Innovatoren | - | 376,40€ |
| | Innovatoren | - | 685,11€ |
| Betriebssystem des aktuellen Smartphones | Nicht-Innovatoren | Android (59,0%) | - |
| | Innovatoren | iOS (62,0%) | - |

**Tabelle 5: Ergebnisse der allgemeinen Fragen zur Person – Gruppenvergleich**[10]

## 4.4 Operationalisierung der zu untersuchenden Konstrukte

Der folgende Abschnitt liefert einen Überblick über die Operationalisierung der unterschiedlichen, zu untersuchenden Konstrukte. Bei diesen hypothetischen Konstrukten handelt es sich um latente Variablen, die ein reales Phänomen beschreiben, welches jedoch nicht direkt beobachtbar ist (Magerhans, 2016, S. 55). Damit die latenten Variablen auf einer empirischen Ebene entschlüsselt werden können, müssen Sie anhand geeigneter Messmodelle operationalisiert werden (Backhaus et al., 2016, S. 589; Olbrich et al., 2012, S. 134). Diese Messmodelle bestehen wiederum aus Skalen, welche sich aus verschiedenen messbaren Items zusammensetzen (Magerhans, 2016, S. 55).

Damit eine Überprüfung des Untersuchungsmodells überhaupt gelingt, muss ein Messinstrument erst gewisse Gütekriterien erfüllen. Dazu zählt insbesondere die Reliabilität, die Auskunft über die Zuverlässigkeit von Messergebnissen liefert und Werte zwischen null und eins annehmen kann (Brosius et al., 2008, S. 64 f.). Dabei greift man häufig auf die Interne-Konsistenz-Reliabilität zurück. In diesem Fall findet die Überprüfung der Messgenauigkeit anhand der Korrelation zwischen den Indikatoren eines Konstruktes statt. Ein häufig verwendetes Maß für die Ermittlung der Interne-Konsistenz-Reliabilität ist Cronbach's Alpha, das ebenso Werte zwischen null und eins annehmen kann (Huber et al., 2014, S. 41 f.). Als akzep-

[10] Eigene Darstellung

tabel bezeichnet man gemeinhin einen Wert von 0,7 (Huber et al., 2014, S. 42; Schnell et al., 2008, S. 153).

Neben der Reliabilität interessiert ferner die konvergente Validität. Sie gibt Auskunft darüber, ob unterschiedliche Indikatoren dasselbe Konstrukt messen (Huber et al., 2014, S. 41 f.). Vor diesem Hintergrund wird die Item-Skala- bzw. Item-to-Total-Korrelation, die die Stärke der Korrelation eines Items mit der Summe der verbleibenden Items angibt und auch als Trennschärfekoeffizient bekannt ist, ermittelt (Huber et al., 2014, S. 41; Raithel, 2008, S. 116). Ein hoher Trennschärfekoeffizient, weist auf eine hohe konvergente Validität hin (Huber et al., 2014, S. 42). Weist ein Item einen Wert kleiner als 0,3 auf, macht dessen Eliminierung durchaus Sinn, da sich somit die Gesamtreliabilität des Konstrukts steigern lässt (Kuß et al., 2014, S. 106 f.; Raithel, 2008, S. 115 f.).

Zunächst richtet sich das Augenmerk auf die Operationaliserung des Moderators Consumer Innovativeness. Obwohl Forscher für die Messung der Innovativeness eines Konsumenten häufig Methoden wie die sog. „Time-of-Adoption“ oder „Cross-Sectional-Methode“ heranziehen, wurde von einer Anwendung dieser Techniken abgesehen. Grund dafür ist, dass verschiedene Limitationen dieser Methoden mangelnde Validität sowie Reliabilität der Messergebnisse vermuten lassen (Goldsmith & Hofacker, 1991, S. 210). *Goldsmith & Hofacker* (1991, S. 219) ist es gelungen, eine bereichsspezifische Innovativeness Skala zu entwickeln, die sich durch eine hohe Reliabilität und Validität sowie eine gute Übertragbarkeit auf unterschiedliche Gebiete auszeichnet. Da die Consumer Innovativness in ihrem Ausmaß unterschiedlich interpretiert wird, gibt es neben der bereichsspezifischen auch eine allgemeinere und eine spezifische Innovativeness (vgl. Gatignon & Robertson, 1985, S. 861; Goldsmith & Foxall, 2003, S. 324 f.; Goldsmith & Hofacker, 1991, S. 211; Midgley & Dowling, 1978, S. 238).

Eine bereichsspezifische Skala zur Messung der Innovativeness kam zur Anwendung, weil Untersuchungen auf eine hohe Erklärungsgüte dieser Methode hindeuten (Gatignon & Robertson, 1985, S. 861). Die hohe Vorhersagevalidität dieser Skala belegt überzeugend *Roehrich* (2004, S. 675). Zum Ausdruck bringt die bereichsspezifischen Innovativness, dass eine Person bspw. innovativ in Bezug auf Smartphones, jedoch wenig innovativ in Bezug auf Autos sein kann. *Goldsmith & Hofacker* (1991, S. 213) haben deshalb eine Skala aus sechs Items entwickelt. Diese wurde in unterschiedlichen Bereichen – Musik, Mode, Parfüm – überprüft.

Mit einem Cronbach's Alpha zwischen 0,83 und 0,85 wies sie eine hohe Reliabilität auf (Goldsmith & Hofacker, 1991, S. 218). Mithilfe dieser Skala wurde die Consumer Innovativeness in der vorliegenden Studie gemessen, um die Probanden vor der Auswertung mittels Median-Split in zwei Gruppen zu unterteilen (vgl. Huber et al., 2014, S. 34).

Die von *Goldsmith & Hofacker* ursprünglich formulierten Fragen erfuhren eine Anpassung auf das Produkt Smartphones bzw. eine Smartphone-Marke.

In der vorliegenden Studie ergibt sich für das Konstrukt ein Cronbach's Alpha von 0,811. Auch die einzelnen Trennschärfekoeffizienten sind ausreichend groß. Lediglich das fünfte Item hat eine geringere korrigierte Item-Skala-Korrelation und würde Cronbach's Alpha geringfügig erhöhen. Doch wegen dieser vernachlässigbaren Verbesserung des interessierenden Wertes wurde davon abgesehen, die Originalskala durch Eliminierung eines Items zu verändern. *Tabelle 6* liefert eine Zusammenfassung der Reliabilitätsprüfung des ersten Konstrukts.

| **Items zur Messung des Moderators Consumer Innovativeness**<br>Cronbach's Alpha: 0,811 | **Korrigierte Item-Skala-Korrelation** | **Cronbach's Alpha, wenn Item gelöscht** |
|---|---|---|
| Verglichen mit meinen Freunden habe ich erst wenige Smartphones besessen. *(r)*[11] | 0,672 | 0,759 |
| In der Regel bin ich der Letzte in meinem Freundeskreis, der die Namen neuer Smartphone-Modelle weiß. *(r)* | 0,639 | 0,766 |
| In der Regel bin ich einer der Letzten in meinem Freundeskreis, der sich ein neues Smartphone-Modell kauft. *(r)* | 0,666 | 0,759 |
| Wenn ich erfahren würde, dass ein neues Smartphone-Modell erhältlich ist, wäre ich interessiert genug es zu kaufen. | 0,678 | 0,760 |
| Ich werde auch dann ein neues Smartphone kaufen, wenn ich es vorher noch nicht ausprobiert habe. | 0,300 | 0,840 |
| Ich weiß vor anderen Leuten über neue Smartphone-Marken Bescheid. | 0,512 | 0,794 |

**Tabelle 6: Reliabilitätsprüfung des Konstrukts Consumer Innovativeness**[12]

[11] Items, die mit einem *(r)* gekennzeichnet sind, weisen eine umgekehrte Kodierung auf. Damit wurde berücksichtigt, dass bei solchen Fragen bspw. ein „stimme voll und ganz zu" gegensätzlich auf das Konstrukt wirken würde.

[12] Eigene Darstellung

Wie erinnerlich, liegt keine einheitliche Konzeptualisierung der Größe Preisfairness vor. Nach *Campbell* (1999, S. 187) stellt die wahrgenommene Preisfairness jedoch das wichtigste Konstrukt für die Messung der Reaktionen von Kunden auf Preise dar. Hinsichtlich des Begriffsverständnisses der wahrgenommenen Preisfairness folgt diese Studie der häufig zitierten Definition von *Xia et al.* (2004, S. 3), die die Preisfairness als ein Urteil darüber sehen, ob ein Preis vernünftig, gerecht und akzeptabel ist. *Bolton et al.* (2010, S. 566) haben eine Skala entwickelt, die im Einklang mit dieser Definition steht und deshalb für die empirische Messung dieses Konstrukts Anwendung findet. In ihrer Studie untersuchen sie den Einfluss von Preisvergleichen zwischen Konsumenten auf die kulturkreisspezifische Wahrnehmung von Preisfairness. Zur Messung des Konstrukts sollten die Probanden anhand von drei siebenstufigen Skalen mit den Extrempunkten „unfair/fair", „not at all just/just" und „unreasonable/reasonable" auf die Frage antworten, wie gerecht der im Szenario bezahlte Preis ist (Bolton et al., 2010, S. 564–566). Die Skala wies mit einem Cronbach's Alpha von 0,92 bzw. 0,91 eine sehr hohe Reliabilität auf.

Damit die Untersuchungsteilnehmer der vorliegenden Studie auch dieses Konstrukt mit zustimmungsfähigen Behauptungen anhand einer siebenstufigen Likert-Skala beantworten konnten, war eine geringfügige Anpassung dahingehend vonnöten, dass die positiven Ausprägungen „fair", „just" und „reasonable" von *Bolton et al.* (2010, S. 566) mit „fair", „gerecht" sowie „angemessen" übersetzt und mit einzelnen Aussagen (z.B. „Ich empfinde den Preis als fair.") von den Probanden zu beantworten waren. In dieser Messung weist das Cronbach's Alpha mit 0,965 sogar auf eine noch größere Reliabilität hin als in der ursprünglichen Untersuchung. Die korrigierten Item-Skala-Korrelationen der verschiedenen Fragen sind ebenfalls hoch. Eine zusammenfassende Übersicht über die Güte der Messung der wahrgenommenen Preisfairness zeigt *Tabelle 7*.

| **Items zur Messung der abhängigen Variable Preisfairness**<br>Cronbach's Alpha: 0,965 | **Korrigierte Item-Skala-Korrelation** | **Cronbach's Alpha, wenn Item gelöscht** |
|---|---|---|
| Ich empfinde den Preis als fair. | 0,929 | 0,947 |
| Ich empfinde den Preis als gerecht. | 0,938 | 0,939 |
| Ich empfinde den Preis als angemessen. | 0,910 | 0,960 |

**Tabelle 7: Reliabilitätsprüfung des Konstrukts Preisfairness**[13]

[13] Eigene Darstellung

Für die Messung von Brand Love, der zweiten abhängigen Variablen, kommt eine Skala von *Bagozzi et al.* (2017, S. 1) zur Anwendung. Die Forscher weisen in ihrer Arbeit zwar auf die gelungene Konzeptualisierung von Brand Love durch *Batra et al.* (2012) hin, kritisieren jedoch den Umfang des Inventars. Vor diesem Hintergrund entwickelten sie eine Skala, die 26, 13 oder sechs Items umfasst. Beginnend mit einer Operationalisierung, bei der zunächst 14 Faktoren Brand Love repräsentieren, fanden dann jeweils zwei Items Eingang in die weitere Analyse. Nach Eliminierung eines Faktors ergeben sich somit 26 Indikatoren. Je nach Zweck der Untersuchung kann die Skala durch Verwendung von nur einem Item pro Faktor bzw. durch Eliminierung von Faktoren auf 13 bzw. 6 Indikatoren reduziert werden. Diese reduzierten Skalen sind insbesondere dann nützlich, wenn die Ursachen von Brand Love eine Untersuchung erfahren sollen (Bagozzi et al., 2017, S. 1–9).

Auch *Bagozzi et al.* (2017, S. 9) nutzen eine siebenstufige Likert-Skala mit den extremen Ausprägungen „stimme gar nicht zu" und „stimme voll und ganz zu" (übersetzt). Für die vorliegende Studie kommt die aus 13 Items bestehende Skala zum Einsatz, da sie alle relevanten Faktoren von Brand Love fasst, ohne den Zeitrahmen der Umfrage auszureizen. Die Berechnung von Cronbach's Alpha für diese Skala ergibt einen Wert von 0,92.

Da sich die ursprünglichen Fragen auf ein Modelabel namens „American Eagle Outfitters" beziehen, wurden diese Begriffe durch die allgemeinere Bezeichnung „Marke" ersetzt. Weiterhin erfuhr das fünfte Item eine Anpassung an den Untersuchungsgegenstand. In der Originalskala baten die Autoren die Probanden um Auskunft darüber, inwiefern der Interviewte dazu bereit sei, viel Geld in die Verbesserung sowie das „Feintuning" des Produktes zu investieren (Bagozzi et al., 2017, S. 3 f.). Weil ein Konsument nicht ohne weiteres ein technologisches Produkt wie das Smartphone anpassen und verbessern kann, wurde dies auf erwerbliche Erweiterungen übertragen. Es handelt sich dabei um das einzige Item, durch welches das Cronbach's Alpha von 0,944 noch erhöht werden könnte. Mit 0,574 weist es dennoch einen mehr als ausreichend hohen Trennschärfekoeffizienten auf; das neue Cronbach's Alpha nach einer Elimination wäre mit 0,946 nur minimal höher. Alle weiteren Items weisen eine noch größere korrigierte Item-Skala-Korrelation auf und könnten die Gesamtreliabilität durch Eliminierung nicht erhöhen. Aus diesem Grund wurde auch in diesem Fall keines der Items entfernt. *Tabelle 8* liefert eine Darstellung der einzelnen Werte.

| **Items zur Messung der abhängigen Variable Brand Love** Cronbach's Alpha: 0,944 | **Korrigierte Item-Skala-Korrelation** | **Cronbach's Alpha, wenn Item gelöscht** |
|---|---|---|
| Der Besitz dieser Marke sagt etwas Wahres und Tiefgründiges über mich als Person aus. | 0,640 | 0,943 |
| Diese Marke ermöglicht es mir, so auf andere zu wirken, wie ich es möchte. | 0,724 | 0,940 |
| Diese Marke schafft es, meinem Leben etwas mehr Bedeutung zu geben. | 0,731 | 0,941 |
| Ich ertappe mich häufig dabei, wie ich über diese Marke nachdenke. | 0,775 | 0,939 |
| Nach dem Kauf eines Produktes dieser Marke bin ich dazu bereit, einiges in Erweiterungen (wie z.B. Hüllen, Schutzfolien oder weiteres Zubehör) zu investieren. | 0,574 | 0,946 |
| Wenn ich ein Produkt dieser Marke ausprobiere, verspüre ich ein Verlangen diese Marke zu kaufen. | 0,847 | 0,936 |
| Ich hatte in der Vergangenheit bereits viel Kontakt mit dieser Marke. | 0,716 | 0,942 |
| Ich habe das Gefühl, dass zwischen der Marke und mir ein natürlicher „Fit" besteht (d.h. die Marke passt zu mir). | 0,855 | 0,936 |
| Ich fühle mich dieser Marke gegenüber emotional verbunden. | 0,852 | 0,936 |
| Diese Marke assoziiere ich mit Spaß. | 0,807 | 0,937 |
| Ich werde diese Marke eine lange Zeit nutzen. | 0,806 | 0,938 |
| Ich empfinde bei der Vorstellung, dass es die Marke nicht mehr gäbe, ein Angstgefühl. | 0,680 | 0,942 |

**Tabelle 8: Reliabilitätsprüfung des Konstrukts Brand Love**[14]

Auch die Operationalisierung der letzten Zielvariablen bedarf einer zusätzlichen Erläuterung. Die Schwierigkeit der Messung von WOM besteht darin, dass eine direkte Beobachtung nahezu unmöglich ist. Obwohl WOM verschiedene Entstehungsursachen und Folgen, wie z. B. die Markenwahl, hat, lässt sich die genaue Kausalität nur schwer aufdecken (East et al., 2008, S. 216). In dieser Studie soll insbesondere die Entstehung von WOM im Mittelpunkt stehen. Hierfür wird die Skala von *Moldovan et al.* (2011, S. 109) genutzt, die in ihrer empirischen Untersuchung den Einfluss der beiden Eigenschaften Originalität sowie Nützlichkeit neuer Produkte auf WOM erforscht haben. Für die Operationalisierung von WOM baten sie die Probanden Aussagen im Hinblick auf „WOM-Amount" (und somit ohne Wertung), PWOM sowie NWOM zu treffen (Moldovan et al., 2011, S. 112). Demnach handelt es sich nach dem

[14] Eigene Darstellung

Verständnis der Autoren beim WOM-Amount um die WOM-Intention. Auch wenn diese Form der Messung, nämlich die Erhebung von Selbsteinschätzungen, anfällig für Verzerrungen sein kann, weist sie dennoch eine hohe Validität auf (Heath et al., 2001, S. 1037 f.). Da in der vorliegenden Studie lediglich die Entstehung von WOM und nicht deren Wertigkeit interessiert, dient im Folgenden die Skala von *Moldovan et al.* zur Messung von WOM-Amount. Diese wurde von den Forschern auf Basis der Arbeit von *Harrison-Walker* (2001) entwickelt und ist mit einem Cronbach's Alpha von 0,92 durch eine hohe Reliabilität gekennzeichnet (Moldovan et al., 2011, S. 112).

Die Skala ließ sich nach der Übersetzung in die deutsche Sprache ohne Veränderungen übernehmen, lediglich der allgemeine Begriff „Produkt" wurde durch „Smartphone" ersetzt. Wie der ermittelte Cronbach's Alpha-Wert in Höhe von 0,931 zeigt, lässt sich die Skala als sehr reliabel einstufen. *Tabelle 9* lässt erkennen, dass die einzelnen Items jeweils sehr hohe Item-to-Total-Korrelationen aufweisen und eine mögliche Eliminierung die Gesamtreliabilität nicht mehr steigern könnte.

| **Items zur Messung der abhängigen Variable WOM-Intention**<br>Cronbach's Alpha: 0,931 | **Korrigierte Item-Skala-Korrelation** | **Cronbach's Alpha, wenn Item gelöscht** |
|---|---|---|
| Ich beabsichtige, über dieses Smartphone zu sprechen. | 0,837 | 0,911 |
| Ich beabsichtige, vielen Freunden von diesem Smartphone zu berichten. | 0,893 | 0,891 |
| Ich beabsichtige, immer wieder über dieses Smartphone zu sprechen. | 0,829 | 0,914 |
| Ich beabsichtige, dabei so viele Details wie möglich über dieses Smartphone zu liefern. | 0,799 | 0,923 |

**Tabelle 9: Reliabilitätsprüfung des Konstrukts WOM-Intention**[15]

## 4.5 Manipulation Check

Vor einer Analyse der Zusammenhänge zwischen den Faktoren und den Zielvariablen sollte überprüft werden, ob die Testpersonen die unabhängigen Variablen überhaupt, wie beabsichtigt, interpretieren und verarbeiten (Khan, 2011, S. 687 f.; Perdue & Summers, 1986, S. 317 f.). In der Forschung ist diese Kontrolle als Manipulation Check bekannt (Backhaus et al., 2016, S. 210). Eine solche Überprüfung stellt also sicher, dass die unterschiedlichen Faktor-

[15] Eigene Darstellung

stufen tatsächlich für die Divergenzen der Zielvariablen verantwortlich sind (Eschweiler et al., 2007a, S. 549). Zu diesem Zweck eignen sich Variablen, welche den Erfolg und die Stärke der Manipulationseffekte messen (Huber et al., 2014, S. 57). Auch bei der Beantwortung der Manipulationsvariablen mussten die Befragungsteilnehmer ihre Aussagen anhand einer siebenstufigen Likert-Skala treffen.

Die erste a priori manipulierte unabhängige Variable ist die Marke, welche aus den Faktorstufen „unbekannt" (CUBOT) und „bekannt" (Apple) besteht. Um zu überprüfen, ob die Marken, wie beabsichtigt, von den Probanden wahrgenommen wurden und somit auch den gewünschten Effekt erzielt haben, richtet sich das Augenmerk zunächst auf die Identifikation einer geeigneten Skala zur Messung. Zweckdienlich erscheint die „Brand Awareness" Skala aus der Arbeit von *Yoo & Donthu* (2001).

Das Ziel der Autoren war es, eine multidimensionale, konsumentenbasierte Markenwert-Skala zu entwickeln und zu validieren (Yoo & Donthu, 2001, S. 1). Nach *Aaker* (1991, S. 61) bezieht sich die Brand Awareness auf die Fähigkeit eines Konsumenten, eine Marke als Teil einer bestimmten Produktkategorie auszumachen. Sie besteht also v. a. aus der Erinnerung sowie dem Wiedererkennen einer Marke (Keller, 1993, S. 2). *Yoo & Donthu* (2001, S. 3) konzentrierten sich bei der Messung jedoch eher auf das bloße Wiedererkennen einer Marke. Weiterhin haben sie, wegen der hohen Korrelation der beiden Konstrukte Brand Awareness und Brand Associations, ebendiese beiden Begriffe miteinander verknüpft.

Die resultierende Skala wurde deshalb gewählt, weil ein Proband eine bekannte Marke deutlich besser wiedererkennen sollte als eine unbekannte. Mit einem Cronbach's Alpha von 0,938 liegt in der vorliegenden Studie ein sehr hoher Reliabilitätswert vor, sodass die Messung als zuverlässig eingestuft werden kann. In *Tabelle 10* findet sich eine Übersicht über alle Items, die jeweiligen Trennschärfekoeffizienten sowie das Cronbach's Alpha nach einer Eliminierung. Da bei diesem Experiment eine unabhängige Stichprobe und nur zwei Faktorstufen vorliegen, eignet sich zur Überprüfung einer erfolgreichen Manipulation der t-Test zum Mittelwertvergleich (MW-Vergleich). Mit diesem überprüft der Untersuchungsleiter, ob die beiden Gruppenmittelwerte einen signifikanten Unterschied aufweisen (Huber et al., 2014, S. 57 f.). *Tabelle 11* zeigt, dass sich die Mittelwerte der beiden Gruppen signifikant voneinander unterscheiden.

| **Items zur Messung des Manipulation Checks Marke**<br>Cronbach's Alpha: 0,938 | **Korrigierte Item-Skala-Korrelation** | **Cronbach's Alpha, wenn Item gelöscht** |
|---|---|---|
| Ich kann diese Marke unter konkurrierenden Marken wiedererkennen. | 0,861 | 0,920 |
| Ich kenne diese Marke. | 0,878 | 0,917 |
| Mir kommen schnell einige Eigenschaften dieser Marke in den Sinn. | 0,853 | 0,921 |
| Das Logo dieser Marke kann ich schnell wiedererkennen. | 0,899 | 0,912 |
| Ich habe Schwierigkeiten mir diese Marke zu vergegenwärtigen. *(r)* | 0,693 | 0,948 |

**Tabelle 10: Reliabilitätsprüfung des Manipulation Checks Marke**[16]

| **Konstrukt** | **Manipulation** | **Mittelwert** | **t-Test (Sig. 2-seitig)** |
|---|---|---|---|
| Marke | Unbekannt (CUBOT) | 2,5000 | 0,000 |
| | Bekannt (Apple) | 6,5166 | |

**Tabelle 11: Ergebnisse des Manipulation Checks Marke**[17]

Der zweite Faktor, der auf eine erfolgreiche Manipulation überprüft werden muss, ist die Produktinnovation mit den Ausprägungen „keine" und „Solargehäuse". Da die Forschungsliteratur bis dato kein passendes Konstrukt liefert, das eine Messung ermöglicht, ob ein Produkt als innovativ wahrgenommen wird, bildet in diesem Fall eine Definition die Basis des Manipulation Checks. *Rogers* (2003, S. 12) definiert eine Innovation treffend als „an idea, practice, or object that is perceived as new by an individual or other unit of adoption" (Rogers, 2003, S. 12). Er sieht Innovationen als subjektiv an: Ist etwas neuartig für ein Individuum, so ist es auch eine Innovation.

Auf Grundlage dieser Definition wurden drei Items formuliert (siehe *Tabelle 12)*. Die ersten beiden bestehen aus zwei Worten, die nach diesem Verständnis etwas Innovatives beschreiben, während das letzte Item etwas Gegensätzliches zum Ausdruck bringt und deshalb umgekehrt kodiert wurde. Insgesamt weist das gebildete Konstrukt ein mehr als ausreichend hohes Cronbach's Alpha (0,873) auf. Ebenso konnten die unterschiedlichen Faktorenstufen bei den Probanden die gewünschte Manipulation auslösen. Die Mittelwertunterschiede der beiden Gruppen sind höchst signifikant und können der *Tabelle 13* entnommen werden.

[16] Eigene Darstellung
[17] Eigene Darstellung

| **Items zur Messung des Manipulation Checks Produktinnovation**<br>Cronbach's Alpha: 0,873 | **Korrigierte Item-Skala-Korrelation** | **Cronbach's Alpha, wenn Item gelöscht** |
|---|---|---|
| Ich empfinde das Smartphone als neuartig. | 0,849 | 0,732 |
| Das Smartphone ist originell. | 0,831 | 0,751 |
| Das Smartphone ist überholt. *(r)* | 0,612 | 0,940 |

**Tabelle 12: Reliabilitätsprüfung des Manipulation Checks Produktinnovation**[18]

| **Konstrukt** | **Manipulation** | **Mittelwert** | **t-Test (Sig. 2-seitig)** |
|---|---|---|---|
| Produktinnovation | Keine | 2,7036 | 0,000 |
| | Solargehäuse | 5,5238 | |

**Tabelle 13: Ergebnisse des Manipulation Checks Produktinnovation**[19]

Die Faktorstufen des Faktors Preis tragen die Bezeichnungen „niedrig" (149€) und „hoch" (800€). Insbesondere weil die Ergebnisse des Pretests nachträglich aufgrund mangelnder Plausibilität der Faktorstufe „hoch" eine Anpassung erfuhren, ist ein Manipulation Check als erneute Überprüfung unabdingbar. Daher kam die Skala von *Yoo et al.* (2000) zur Anwendung. In ihrer Studie untersuchen die Autoren die Wirkungszusammenhänge zwischen ausgewählten Marketing Mix Elementen und der Entstehung des Markenwerts (Yoo et al., 2000, S. 195). Auf Basis der Arbeit von *Smith & Park* (1992) entwickelten sie eine Skala, welche die subjektive Preiswahrnehmung eines Konsumenten misst (Yoo et al., 2000, S. 200). Diese ist jedoch so formuliert, dass sie die empfundene Teuerung eines Preises zum Ausdruck bringt (siehe *Tabelle 14*).

| **Items zur Messung des Manipulation Checks Preis**<br>Cronbach's Alpha: 0,961 | **Korrigierte Item-Skala-Korrelation** | **Cronbach's Alpha, wenn Item gelöscht** |
|---|---|---|
| Der Preis des Smartphones ist hoch. | 0,936 | 0,928 |
| Das Smartphone ist teuer. | 0,892 | 0,960 |
| Der Preis des Smartphones ist niedrig. *(r)* | 0,922 | 0,938 |

**Tabelle 14: Reliabilitätsprüfung des Manipulation Checks Preis**[20]

Alle Items wurden in die deutsche Sprache übersetzt und der Platzhalter „X" der ursprünglichen Skala wurde durch den Untersuchungsgegenstand „Smartphone" ersetzt. Das berechnete Cronbach's Alpha ergibt einen Wert von 0,961. Auch in diesem Fall zeigen die Analysen ei-

18 Eigene Darstellung
19 Eigene Darstellung
20 Eigene Darstellung

nen höchst signifikanten Gruppenunterschied bei den Faktorstufen. Die Werte zeigt *Tabelle 15*.

| Konstrukt | Manipulation | Mittelwert | t-Test (Sig. 2-seitig) |
|---|---|---|---|
| Preis | Niedrig (149€) | 2,3181 | 0,000 |
| | Hoch (800€) | 6,2045 | |

**Tabelle 15: Ergebnisse des Manipulation Checks Preis**[21]

## 4.6 Überprüfung der Modellprämissen

Bei der Beschreibung der Varianzanalyse als geeignete Analysemethode in *Kapitel 4.1* wurde bereits auf das Vorhandensein unterschiedlicher statistischer Annahmen, welche als Voraussetzung für eine tatsächliche Durchführung der Analyse zu sehen sind, hingewiesen. *Tabelle 16* listet alle Prämissen der Varianzanalyse sowie deren mögliche Prüfung und Heilbarkeit bei einer Verletzung auf. Da in der vorliegenden Studie eine MANOVA zum Einsatz kommt, müssen zusätzlich zu den fünf Annahmen der ANOVA noch drei weitere Voraussetzungen erfüllt sein.

Die erste Voraussetzung verlangt, dass keine Ausreißer in den einzelnen Experimentalgruppen vorliegen. Grund dafür ist, dass die Resultate varianzanalytischer Verfahren sehr empfindlich gegenüber Ausreißern sind (Tabachnick & Fidell, 20, S. 330). Diese Gefahr kann jedoch durch geschlossene Skalen, wie sie in dieser Studie Verwendung finden, beseitigt werden. Zum einen verhindern sie, im Vergleich zu offenen Skalen, sinnwidrige Antworten sowie Ausreißer. Zum anderen sollten sich extreme Antworten in größeren Stichproben ausgleichen. Die zweite Prämisse weist auf die zufällige Zuteilung der Probanden zu den unterschiedlichen Szenarien (bzw. Gruppen) hin, wohingegen Prämisse drei einen Hinweis auf die Gruppengröße gibt.

Wie in *Kapitel 4.2.1* beschrieben, wurde im Rahmen der Online-Umfrage eine randomisierte Zuteilung der Probanden programmiert. Obwohl die Forschungsliteratur häufig eine Mindestanzahl von 20 Untersuchungsteilnehmer pro Zelle suggeriert, sind 30 oder mehr empfehlenswert (Eschweiler et al., 2007b, S. 7). *Tabelle 17* zeigt, dass jede Gruppe die empfohlene Anzahl an Probanden erreicht und deren Mindestanzahl somit deutlich übersteigt.

---

21 Eigene Darstellung

| | Prämisse | Prüfungsmethode | Verletzung heilbar mittels |
|---|---|---|---|
| ANOVA | Keine Ausreißer | Plausibilitätsprüfung der Einträge bei offenen Skalen | Eliminierung von Probanden |
| | Randomisierte Gruppenzuordnung | (ex ante festgelegt) | Muss im Vorhinein sichergestellt werden |
| | Gruppengröße > 20 | Sichtung des Datensatzes | Muss im Vorhinein sichergestellt werden |
| | Varianzhomogenität | Levene-Test | Gleichbesetzung der Zellen |
| | Normalverteilung | Kolmogorov-Smirnov-Test Shapiro-Wilk-Test | Gleichbesetzung der Zellen |
| MANOVA (zusätzlich) | Korrelationen zwischen AVs | Signifikanzprüfung über Pearson's $R^2$ | Anwendung mehrerer unabhängiger ANOVAs |
| | Keine Multikollinearität zwischen den AVs | Prüfung des VIF | Eliminierung von AVs |
| | Multivariate Normalverteilung | Nicht ganzheitlich prüfbar, hilfsweise nur univariate Normalverteilung | Gleichbesetzung der Zellen |

**Tabelle 16: Prämissen der Varianzanalyse**[22]

Die Homogenität der Varianzen sowie die Normalverteilung der Stichprobe bilden die Kernannahmen der Varianzanalyse. Liegt jedoch eine ausreichend große Stichprobe vor und sind die einzelnen Gruppen gleich groß, kann eine Verletzung der beiden Prämissen durch diesen Umstand geheilt werden (Huber et al., 2014, S. 64 f.).

| Szenario (a priori Einteilung) | Moderator (a posteriori Einteilung) | |
|---|---|---|
| | Nicht-Innovatoren | Innovatoren |
| 1 | 40 | 37 |
| 2 | 32 | 45 |
| 3 | 35 | 42 |
| 4 | 40 | 37 |
| 5 | 41 | 35 |
| 6 | 36 | 41 |
| 7 | 40 | 37 |
| 8 | 43 | 34 |

**Tabelle 17: Übersicht über die Zellengrößen**[23]

[22] Eigene Darstellung in Anlehnung an *Huber et al.* (2014, S. 63 f.)

[23] Eigene Darstellung

Im vorliegenden Fall deutet der Stichprobenumfang von über 600 Personen auf eine ausreichend große Stichprobe hin. Eine Gleichbesetzung der Zellen wurde ebenfalls im Rahmen der Randomisierung basierend auf abgeschlossenen Fragebögen programmiert. Der Moderator des Untersuchungsmodells verlangt jedoch zusätzlich eine a posteriori Einteilung anhand des Medians, was durchaus große Gruppenunterschiede nach sich ziehen kann (Huber et al., 2014, S. 65). Um als gleichmäßig besetzt zu gelten, darf das Verhältnis zwischen größter und kleinster Gruppe keinesfalls den Wert von 1,5 überschreiten (Stevens, 2002, S. 92). Im vorliegenden Fall beträgt dieses Verhältnis 1,40625 (45/32) und erfüllt somit die Bedingung. Andernfalls hätten so lange zufällig Probanden aus den umfangreichsten Zellen gestrichen werden müssen, bis das vorgegebene Verhältnis erreicht worden wäre (Glaser, 1978, S. 165).

Trotz der Heilung möglicher Verletzungen der beiden Prämissen, sollten diese statistisch überprüft werden. Für die Kontrolle der Varianzhomogenität findet der Levene-Test Anwendung (Huber et al., 2014, S. 65). Damit dieser als bestanden gilt, müssen die Zielvariablen einen Signifikanzwert aufweisen, der größer als 0,05 ist. In *Tabelle 18* lässt sich erkennen, dass dies nicht der Fall ist. Der Test gilt somit als nicht bestanden.

| **Abhängige Variablen** | **Levene-Test (Sig.)** |
|---|---|
| Preisfairness | 0,000 |
| Brand Love | 0,000 |
| WOM-Intention | 0,000 |

**Tabelle 18: Ergebnisse des Levene-Tests auf Gleichheit der Fehlervarianzen**[24]

Ferner gilt es nun zu prüfen, ob eine zellenweise, univariate Normalverteilung vorliegt (Huber et al., 2014, S. 65). Da es bis dato noch kein statistische Verfahren gibt, welches den Nachweis einer multivariaten Normalverteilung erlaubt, fungiert diese Voraussetzung ebenfalls als notwendige Bedingung für die gleichlautende Prämisse der MANOVA (Eschweiler et al., 2009, S. 374). Zu diesem Zweck wurde für jedes der acht Szenarien, untergliedert durch den Moderator Consumer Innovativeness ein Kolmogorov-Smirnov- sowie Shapiro-Wilk-Test auf Normalverteilung durchgeführt. Auch in diesem Fall führt ein Übertreffen des Signifikanzwerts von 0,05 zur Bestätigung der Nullhypothese, dass eine Normalverteilung vorliegt (Baur, 2012, S. 30; Huber et al., 2014, S. 67). Aufgrund der großen Anzahl an Zellen soll an dieser Stelle keine genaue Benennung der einzelnen Ergebnisse der beiden Tests erfolgen. Eine

[24] Eigene Darstellung

Übersicht über alle Testergebnisse der einzelnen Gruppen liefert *Tabelle 19*. Festzuhalten ist, dass zwar einige Signifikanzwerte den kritischen Wert von 0,05 übersteigen, die Mehrheit der Testergebnisse jedoch nicht auf Normalverteilung schließen lässt, weshalb diese Voraussetzung zunächst nicht erfüllt wird. Doch kann diese Verletzung der Prämisse durch eine Gleichbesetzung der Zellen bereinigt werden (Huber et al., 2014, S. 63).

| **Szenario** | **AV** | **Moderator** | | | |
|---|---|---|---|---|---|
| | | **Niedrige CI** | | **Hohe CI** | |
| | | **Signifikanzwerte der Tests auf Normalverteilung** | | | |
| | | **Kolmogorov-Smirnov-Test** | **Shapiro-Wilk-Test** | **Kolmogorov-Smirnov-Test** | **Shapiro-Wilk-Test** |
| 1 | Preisfairness | 0,001 | 0,004 | 0,200 | 0,048 |
| | Brand Love | 0,001 | 0,000 | 0,000 | 0,000 |
| | WOM-Intention | 0,000 | 0,000 | 0,005 | 0,000 |
| 2 | Preisfairness | 0,050 | 0,000 | 0,000 | 0,000 |
| | Brand Love | 0,006 | 0,001 | 0,003 | 0,000 |
| | WOM-Intention | 0,005 | 0,080 | 0,200 | 0,096 |
| 3 | Preisfairness | 0,000 | 0,000 | 0,000 | 0,000 |
| | Brand Love | 0,006 | 0,000 | 0,000 | 0,000 |
| | WOM-Intention | 0,000 | 0,000 | 0,005 | 0,000 |
| 4 | Preisfairness | 0,029 | 0,011 | 0,140 | 0,167 |
| | Brand Love | 0,004 | 0,000 | 0,001 | 0,000 |
| | WOM-Intention | 0,017 | 0,044 | 0,200 | 0,359 |
| 5 | Preisfairness | 0,007 | 0,000 | 0,006 | 0,003 |
| | Brand Love | 0,001 | 0,001 | 0,200 | 0,452 |
| | WOM-Intention | 0,002 | 0,000 | 0,200 | 0,646 |
| 6 | Preisfairness | 0,010 | 0,003 | 0,001 | 0,000 |
| | Brand Love | 0,008 | 0,000 | 0,200 | 0,537 |
| | WOM-Intention | 0,200 | 0,072 | 0,002 | 0,029 |
| 7 | Preisfairness | 0,000 | 0,000 | 0,029 | 0,132 |
| | Brand Love | 0,000 | 0,000 | 0,200 | 0,100 |
| | WOM-Intention | 0,000 | 0,000 | 0,200 | 0,241 |
| 8 | Preisfairness | 0,007 | 0,008 | 0,200 | 0,210 |
| | Brand Love | 0,017 | 0,004 | 0,149 | 0,013 |
| | WOM-Intention | 0,009 | 0,077 | 0,046 | 0,020 |

**Tabelle 19: Ergebnisse der Tests auf Normalverteilung**[25]

[25] Eigene Darstellung

Zusätzlich zu den bisherigen Voraussetzungen einer Varianzanalyse müssen bei einer MANOVA auch die Korrelationen zwischen den abhängigen Variablen Beachtung finden. Nur wenn sie ausreichend stark ausgeprägt sind, macht die Durchführung einer MANOVA Sinn, andernfalls sollte der Untersuchungsleiter ANOVAs berechnen (Eschweiler et al., 2007, S. 10; Huber et al., 2014, S. 67). Zur Ermittlung der Korrelationen zwischen den Zielvariablen eignet sich Pearson's $R^2$. Der Pearson's $R^2$-Wert sollte zwischen 0,3 und 0,7 liegen. Dabei ist außerdem auf die Signifikanz der jeweiligen Korrelation zu achten. Wird diese Prämisse erfüllt, sodass die abhängigen Variablen untereinander ausreichend hoch korrelieren, muss zuletzt noch die Multikollinearität eine Überprüfung erfahren (Huber et al., 2014, S. 67 f.). Dazu werden die VIFs bestimmt. Diese sollten den Wert zehn nicht überschreiten (Fahrmeir et al., 2009, S. 171). Die genauen Werte lassen sich mit Hilfe einer einfachen Formel ($VIF = 1/(1-R^2)$) aus den zuvor ermittelten Pearson's $R^2$-Werten errechnen. Liegt Multikollinearität vor, so müssen einzelne abhängige Variablen eliminiert werden (Huber et al., 2014, S. 68 f.). Die relevanten Werte zur Beurteilung der Multikollinearität zeigt *Tabelle 20.*

| **Korrelation zwischen** | **Pearson's $R^2$** | **Sig. 2-seitig** | **VIF** |
|---|---|---|---|
| Preisfairness & Brand Love | 0,230 | 0,000 | 1,2987 |
| Preisfairness & WOM-Intention | 0,427 | 0,000 | 1,7452 |
| Brand Love & WOM-Intention | 0,569 | 0,000 | 2,3201 |

**Tabelle 20: Übersicht über die Pearson-Korrelation und VIFs der Zielvariablen**[26]

Auch wenn die Korrelation zwischen der Preisfairness und der Brand Love knapp unter dem Mindestwert von 0,3 liegt, sollte von einer Eliminierung abgesehen werden, da beide Variablen mit der verbleibenden Zielgröße (WOM-Intention) ausreichend hoch und signifikant korrelieren. Auch die jeweiligen VIFs überschreiten nicht den kritischen Wert von 10, weshalb beide Voraussetzungen als erfüllt gelten.

Zusammenfassend konnte also die Mehrheit der Prämissen für eine Varianzanalyse Bestätigung finden. Die Verletzungen der verbleibenden Prämissen – Varianzhomogenität und Normalverteilung – können aufgrund der bewiesenen Gleichbesetzung der Zellen geheilt werden.

[26] Eigene Darstellung

Somit gelten alle Voraussetzungen als erfüllt. Die mehrfaktorielle MANOVA kann zum Einsatz kommen.

## 4.7 Ergebnisse der empirischen Untersuchung

In diesem Abschnitt sollen nun die in *Kapitel 3* hergeleiteten Wirkungszusammenhänge des Untersuchungsmodells überprüft werden. Die Ergebnisse der Varianzanalyse erfahren sodann eine Interpretation.

Bei den in dieser Studie zum Einsatz kommenden multivariaten Tests, interessiert zunächst v. a. das Signifikanzniveau der Einflüsse der einzelnen Faktoren auf alle Zielvariablen, was durch Wilks-Lambda geprüft werden kann (Eschweiler et al., 2007b, S. 14). In einem nächsten Schritt lassen sich mit Hilfe der Tests der Zwischensubjekte die Signifikanzwerte der konkreten Beziehungen ablesen. Alle Effekte, die bei diesen beiden Statistiken ein Signifikanzniveau von 0,05 oder geringer aufweisen, können eine Interpretation erfahren (Huber et al., 2014, S. 74 f.). Den Überlegungen von *Pedhazur & Schmelkin* (1991) folgend sollten nach *Nkwocha et al.* (2005, S. 55) insbesondere für Interaktionseffekte auch höhere Werte von bis zu 0,25 erlaubt sein. Nach der Identifikation aller signifikanten Effekte interessiert die Wirkungsrichtung ebendieser. Um die Wirkungsrichtungen herauszufinden, stehen eine graphische Analyse, Post-Hoc-Tests sowie a-priori-Kontraste zur Verfügung.

Für eine intuitive Visualisierung der Moderations- und Interaktionseffekte wird zunächst eine graphische Analyse durchgeführt (Huber et al., 2014, S. 77), wohingegen bei den direkten Effekten aufgrund der einfachen Interpretation der Werte darauf verzichtet wird. Weiterhin finden Post-Hoc-Tests Verwendung, mit deren Hilfe die einzelnen Mittelwerte der Gruppen auf signifikante Unterschiede hin untersucht werden – a-priori-Kontraste sind dann nicht mehr notwendig. Aufgrund der Tatsache, dass die Einflussfaktoren des vorliegenden Untersuchungsmodells jeweils zwei Faktorstufen aufweisen und dass keine Varianzhomogenität sowie Normalverteilung vorliegen, müssen hierzu Brown-Forsythe-Tests durchgeführt werden. Wenn die signifikanten Effekte sowie deren Wirkungsrichtung feststehen, interessiert zuletzt noch die Stärke selbiger, wobei diese im Vergleich zu den vorherigen Kriterien eine nachrangige Bedeutung für die Untersuchung hat (Huber et al., 2014, S. 82–86). Maßzahl für die Effektstärke ist das partielle Eta-Quadrat ($\eta^2$), welches den durch eine unabhängige Variable generierten Anteil an erklärter Varianz der abhängigen Variablen widerspiegelt (Peterson et al., 1985, S. 97). *Cohen* (1988, S. 286 f.) liefert eine mögliche Kategorisierung der Effektstärke, wonach diese in niedrig ($\eta^2 \geq 1\%$), mittel ($\eta^2 \geq 5{,}9\%$) und hoch ($\eta^2 \geq 13{,}8\%$) zu untergliedern ist.

Nach den oben beschriebenen Kriterien werden nun zunächst die in *Kapitel 3.1* postulierten, direkten Effekte bewertet. Jeder der Einflussfaktoren weist mit 0,000 einen höchst signifikanten Wilks-Lambda-Wert auf und hat somit einen direkten Einfluss auf alle Zielvariablen des Untersuchungsmodells (siehe *Tabelle 21*).

| **Effekt (Wilks-Lambda)** | **Wert** | **F** | **Hypothese df** | **Fehler df** | **Sig.** | **Partielles Eta-Quadrat** | **Dezentr. Parameter** | **Beobachtete Schärfe** |
|---|---|---|---|---|---|---|---|---|
| D_CI | 0,888 | 25,125 | 3,000 | 597,000 | 0,000 | 0,112 | 75,375 | 1,000 |
| D_Marke | 0,763 | 61,873 | 3,000 | 597,000 | 0,000 | 0,237 | 185,618 | 1,000 |
| D_Inno | 0,820 | 43,609 | 3,000 | 597,000 | 0,000 | 0,180 | 130,826 | 1,000 |
| D_Preis | 0,524 | 180,588 | 3,000 | 597,000 | 0,000 | 0,476 | 541,764 | 1,000 |
| D_CI* D_Marke | 0,925 | 16,150 | 3,000 | 597,000 | 0,000 | 0,075 | 48,451 | 1,000 |
| D_CI* D_Inno | 1,000 | 0,018 | 3,000 | 597,000 | 0,997 | 0,000 | 0,054 | 0,053 |
| D_CI* D_Preis | 0,982 | 3,721 | 3,000 | 597,000 | 0,011 | 0,018 | 11,164 | 0,807 |
| D_Marke* D_Inno | 0,969 | 6,352 | 3,000 | 597,000 | 0,000 | 0,031 | 19,057 | 0,967 |
| D_Marke* D_Preis | 0,993 | 1,484 | 3,000 | 597,000 | 0,218 | 0,007 | 4,453 | 0,394 |
| D_Inno* D_Preis | 0,981 | 3,915 | 3,000 | 597,000 | 0,009 | 0,019 | 11,745 | 0,829 |

**Tabelle 21: Multivariate Tests-Statistik (reduziert)**[27]

Als nächstes interessieren die postulierten Beziehungen. Die hierfür relevanten Prüfwerte (Mittelwerte, Signifikanzwerte sowie $\eta^2$) zeigen die *Tabellen 22* und *23*. Das Augenmerk richtet sich dabei auf die Effekte, die die Zielgrößen am besten zu erklären vermögen. Zur Vollständigkeit sind in *Tabelle 23* neben den postulierten Zusammenhängen auch weitere interessante, signifikante Effekte aufgelistet, die für spätere Interpretationen der Interaktionseffekte relevant sind. Festzuhalten bleibt, dass die Höhe des Preises einen signifikanten Ein-

[27] Eigene Darstellung (auf Wilks-Lambda und die wesentlichen Effekte reduziert)

fluss auf die WOM-Intention und die Produktinnovation einen signifikanten Einfluss auf die Preisfairness ausübt.

| **Abhängige Variable** | **Faktor** | **Faktorstufe** | **Zellengröße** | **Mittelwert** | **Signifikanz** |
|---|---|---|---|---|---|
| Preisfairness | Marke | Unbekannt | 308 | 3,8885 | 0,096 |
| | | Bekannt | 307 | 4,1629 | |
| | Produkt-innovation | Keine | 307 | 3,5939 | 0,000 |
| | | Solargehäuse | 308 | 4,4556 | |
| | Preis | Niedrig | 307 | 5,3420 | 0,000 |
| | | Hoch | 308 | 2,7132 | |
| Brand Love | Marke | Unbekannt | 308 | 1,9007 | 0,000 |
| | | Bekannt | 307 | 3,2329 | |
| | Produkt-innovation | Keine | 307 | 2,4566 | 0,073 |
| | | Solargehäuse | 308 | 2,6745 | |
| | Preis | Niedrig | 307 | 2,5556 | 0,869 |
| | | Hoch | 308 | 2,5758 | |
| WOM-Intention | Marke | Unbekannt | 308 | 2,8677 | 0,000 |
| | | Bekannt | 307 | 3,6409 | |
| | Produkt-innovation | Keine | 307 | 2,6246 | 0,000 |
| | | Solargehäuse | 308 | 3,8807 | |
| | Preis | Niedrig | 307 | 3,4397 | 0,010 |
| | | Hoch | 308 | 3,0682 | |

**Tabelle 22: MW-Vergleiche der direkten Effekte**[28]

| **Hypothesen der direkten Effekte** | **Mittel der Quadrate** | **F** | **Signifikanz** | **Partielles Eta-Quadrat** |
|---|---|---|---|---|
| $H_1$: Preis → Preisfairness | 1038,437 | 491,626 | 0,000 | 0,451 |
| $H_2$: Marke → Brand Love | 288,624 | 185,325 | 0,000 | 0,236 |
| $H_3$: Marke → WOM-Intention | 102,288 | 44,619 | 0,000 | 0,069 |
| $H_4$: Produktinnovation → WOM-Intention | 236,097 | 102,988 | 0,000 | 0,147 |
| Preis → WOM-Intention | 17,274 | 7,535 | 0,006 | 0,012 |
| Produktinnovation → Preisfairness | 116,076 | 54,954 | 0,000 | 0,084 |

**Tabelle 23: Ergebnisse der direkten Effekte**[29]

[28] Eigene Darstellung
[29] Eigene Darstellung

*Hypothese $H_1$* unterstellt, dass bei einem hohen Preis, im Vergleich zu einem niedrigen, der Nachfrager eine deutlich geringere Preisfairness empfindet. Durch einen hochsignifikanten Wert von 0,000 kann dieser Effekt nicht verworfen werden. Die postulierte Wirkungsrichtung erfährt auf Basis der Mittelwerte der unterschiedlichen Faktorstufen ebenfalls eine Bestätigung. Während sich für die mittlere, wahrgenommene Preisfairness bei einem niedrigen Preis ein Mittelwert von 5,342 errechnen lässt, beträgt dieser bei einem hohen Preis nur 2,7132. Dieser Mittelwertunterschied ist zudem hochsignifikant (Sig. = 0,000). Darüber hinaus liegt mit einem $\eta^2$ von 45,1% eine hohe Effektstärke vor, weshalb *Hypothese $H_1$* nicht verworfen werden kann.

Die zweite Hypothese bringt zum Ausdruck, dass eine Marke zu einer höheren Brand Love führt. Dieser direkte Effekt ist hochsignifikant (Sig. = 0,000). Der Mittelwert der Brand Love einer bekannten Marke liegt mit 3,2329 deutlich über dem einer unbekannten Marke (1,9007), wodurch dieser Unterschied ebenfalls als hochsignifikant einzustufen ist. Auch bei dieser Wirkungsbeziehung liegt eine hohe Effektstärke vor ($\eta^2 = 23,6\%$). Somit kann *Hypothese $H_2$* nicht verworfen werden.

Auch der postulierte Zusammenhang zwischen einer bekannten Marke und einer höheren WOM-Intention lässt sich nicht falsifizieren. Sowohl die Beziehung als auch der Mittelwertunterschied, 2,8677 bei einer unbekannten im Vergleich zu 3,6409 bei einer bekannten Marke, weisen mit 0,000 einen hochsignifikanten Wert auf. Die Effektstärke wird jedoch als mittel eingestuft ($\eta^2 = 6,9\%$). Folglich erfährt auch *Hypothese $H_3$* keine Ablehnung.

Schließlich interessiert noch die positive Wirkung einer Produktinnovation auf die WOM-Intention. Dieser Zusammenhang gilt wegen eines Signifikanzwertes von 0,000 als hochsignifikant. Das Vorhandensein einer Produktinnovation erhöht den Mittelwert der WOM-Intention von 2,6246 auf 3,8807 (hochsignifikanter Mittelwertunterschied). Die Effektstärke des Zusammenhangs kann als hoch eingestuft werden ($\eta^2 = 14,7\%$). Zusammengefasst muss also keine Hypothese, bei der die direkten Effekte im Mittelpunkt stehen, abgelehnt werden.

Nach der Untersuchung der direkten Effekte folgt nun eine genauere Betrachtung der Moderations- und Interaktionseffekte. Sie haben im Vergleich zu den direkten Effekten einen höheren Informationsgehalt (Eschweiler et al., 2007b, S. 14). Die für die Überprüfung der verbleibenden Hypothesen relevanten Prüfgrößen zeigen die *Tabellen 21* und *24*.

| Hypothesen der moderierenden Effekte | Mittel der Quadrate | F | Signifikanz | Partielles Eta-Quadrat |
|---|---|---|---|---|
| $H_5$: Preis*CI → Preisfairness | 22,900 | 10,841 | 0,001 | 0,018 |
| $H_6$: Marke*CI → Brand Love | 71,902 | 46,168 | 0,000 | 0,072 |
| $H_7$: Produktinnovation*CI→ WOM-Intention | 0,035 | 0,015 | 0,901 | 0,000 |
| Marke*CI → WOM-Intention[30] | 46,233 | 20,167 | 0,000 | 0,033 |

**Tabelle 24: Ergebnisse der moderierenden Effekte**[31]

Der erste moderierende Effekt bezieht sich auf den Zusammenhang zwischen Preis und Preisfairness. Dem Effekt liegt die Vermutung zugrunde, dass Innovatoren einen hohen Preis als fairer wahrnehmen. Ein Wilks-Lambda von 0,018 impliziert, dass diese beiden Faktoren gemeinsam einen signifikanten Einfluss auf die Zielvariablen ausüben. Auch der Signifikanzwert (0,001) für den Wirkungszusammenhang von *Hypothese* $H_5$ deckt einen hochsignifikanten Einfluss auf.

Für die Überprüfung der Wirkungsrichtung wird zunächst die grafische Darstellung[32] des Zusammenhangs analysiert. Bei Interaktionen unterscheidet man zwischen ordinalen, hybriden und disordinalen Interaktionen, die sich durch eine Visualisierung besonders gut interpretieren lassen (Huber et al., 2014, S. 77; Leigh & Kinnear, 1980, S. 842 f.). Bei ordinalen Interaktionen bleibt die Rangfolge der Ausprägungen des einen Faktors unter Einbeziehung der Ausprägungen des anderen Faktors gleich (Leigh & Kinnear, 1980, S. 842). Diese Art der Interaktion stellt zwar die schwächste, jedoch auch die häufigste Form der Begutachtung der Effekte dar (Huber et al., 2014, S. 87). Während bei hybriden Interaktionen die Rangfolge des einen Faktors für die verschiedenen Stufen des anderen Faktors nicht mehr identisch und eine Globalinterpretation somit nur noch für eine Einflussgröße möglich ist, weisen die Faktoren einer disordinalen Interaktion gar keinen gemeinsamen Trend mehr auf (Huber et al., 2014, S. 87 f). In *Abbildung 3* lässt sich eine ordinale Interaktion erkennen. Demnach führt ein niedriger Preis (Codierung: 0) bei beiden Segmenten zu einer höheren Preisfairness als ein hoher Preis

30 Neben den postulierten Moderationseffekten, konnte der statistischen Auswertung ein weiterer Wirkungszusammenhang entnommen werden: Die Marke und die Consumer Innovativeness haben einen hochsignifikanten Einfluss auf die WOM-Intention. Eine genauere Analyse findet jedoch nicht statt.

31 Eigene Darstellung

32 Die grafischen Darstellungen lassen sich wie folgt lesen: Auf der horizontalen Achse ist stets der erste Faktor mit den Ausprägungen null und eins abgebildet; der zweite Faktor, der jeweils einen Einfluss auf die Beziehung zwischen dem ersten Faktor und der Zielvariablen haben soll, wird durch die beiden unterschiedlichen Linien miteinbezogen; die, durch die unterschiedlichen Faktorkombinationen entstehenden, Mittelwerte lassen sich auf der linken, vertikalen Achse ablesen.

(Codierung: 1). Außerdem findet die postulierte Wirkungsrichtung ebenfalls Bestätigung. Bei einem geringen Preis ist die wahrgenommene Preisfairness eines Produktes für beide Gruppen des Moderators Consumer Innovativeness nahezu identisch. Bei einem hohen Preis ist dies nicht der Fall. Diesen nehmen innovative Konsumenten (gestrichelte Linie) als deutlich fairer wahr.

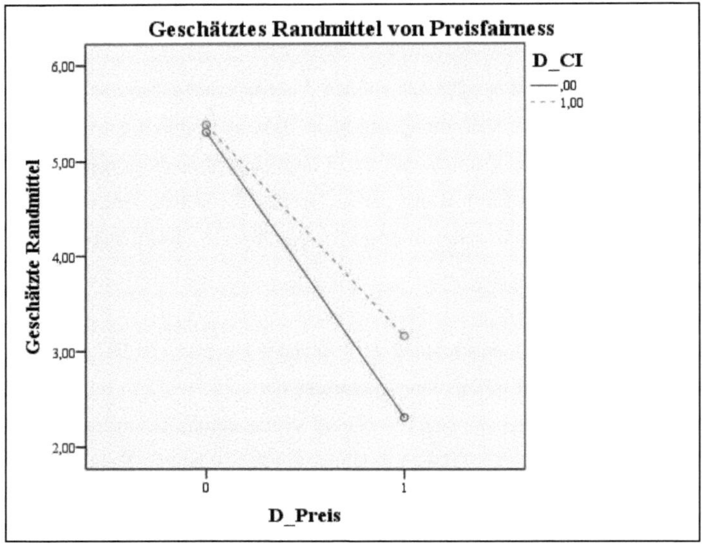


**Abbildung 3: Zusammenhang zwischen Preis und CI auf Preisfairness**[33]

Auch wenn eine grafische Analyse erste Ergebnisse bzgl. der Wirkungsrichtung offenbart, sollten diese durch konkrete, numerische Werte untermauert werden (Huber et al., 2014, S. 80). Zu diesem Zweck dient ein Mittelwertvergleich der Zielgröße Preisfairness in Abhängigkeit der Faktoren Preis und Consumer Innovativeness mittels Post-Hoc-Tests. *Tabelle 25* zeigt die Ergebnisse im Überblick. Der Vergleich bestätigt, dass der Mittelwert der Preisfairness eines hohen Preises hochsignifikant verschieden (in diesem Fall höher) ist, wenn eine hohe Consumer Innovativeness (3,1) im Vergleich zu einer niedrigen Consumer Innovativeness (2,346) vorliegt. Es lässt sich eine Effektstärke dieses Zusammenhangs in Höhe von 1,8% ermitteln, was als niedrig einzustufen ist. Insgesamt kann *Hypothese* $H_5$ nicht abgelehnt werden.

[33] Eigene Darstellung (mit Hilfe von SPSS)

| **Mittelwertvergleich Preisfairness** | | CI | | **Signifikanz** |
|---|---|---|---|---|
| | | Niedrig | Hoch | |
| **Preis** | Niedrig | 5,2819 | 5,3987 | 0,504 |
| | Hoch | 2,346 | 3,1 | 0,000 |

**Tabelle 25: MW-Vergleich der Preisfairness – Faktoren Preis und CI**[34]

Die Formulierung von *Hypothese* $H_6$ bringt zum Ausdruck, dass Markenprodukte bei Innovatoren zu einer geringer ausgeprägten Brand Love führen als bei Nicht-Innovatoren. Das Wilks-Lambda der Faktorkombination Marke und Consumer Innovativeness weist mit 0,000 einen hochsignifikanten Effekt auf. Auch der konkrete Moderationseffekt der Consumer Innovativeness auf die Beziehung zwischen Marke und Brand Love ist signifikant (Sig. = 0,000; siehe *Tabelle 24*). Betrachtet man die *Abbildung 4*, so fallen zwei Dinge auf. Erstens handelt es sich erneut um eine ordinale Interaktion und zweitens ist die tatsächliche Wirkungsrichtung augenscheinlich konträr zu der postulierten.

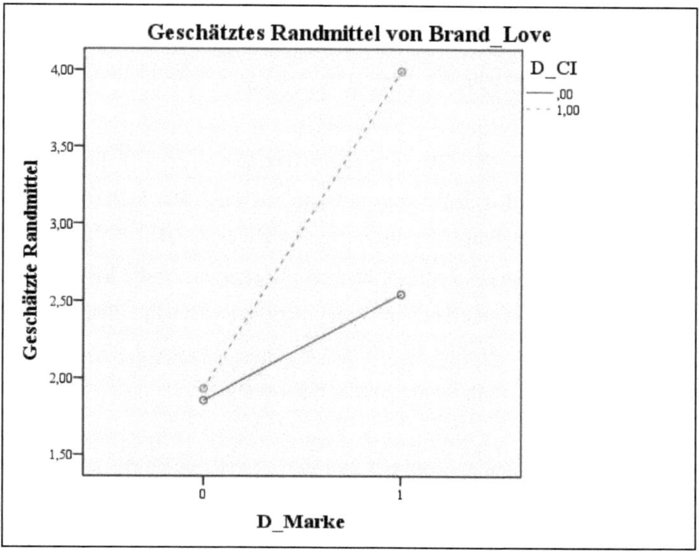


**Abbildung 4: Zusammenhang zwischen Marke und CI auf Brand Love**[35]

[34] Eigene Darstellung
[35] Eigene Darstellung (mit Hilfe von SPSS)

Stammt das Produkt von einer bekannten Marke (Codierung: 1), so ist die Brand Love bei den Innovatoren (gestrichelte Linie) deutlich stärker ausgeprägt – bei einem unbekannten Produkt (Codierung 0) ist hingegen kein klarer Unterschied zu erkennen.

Dieser Wirkungszusammenhang spiegelt sich auch in dem Mittelwertvergleich in *Tabelle 26* wider. Bei einer unbekannten Marke lässt sich kein signifikanter Mittelwertunterschied der Brand Love zwischen den Gruppen mit niedriger und hoher Consumer Innovativeness identifizieren. Dagegen ist der Mittelwert der Brand Love bei einem Markenprodukt bei Innovatoren (3,9864) hochsignifikant stärker ausgeprägt als bei Nicht-Innovatoren (2,5406). Mit einem $\eta^2$ von 7,2% liegt eine mittlere Effektstärke vor. Trotz der hohen Signifikanz muss diese Hypothese aufgrund der von den getroffenen Annahmen abweichenden Wirkungsrichtung verworfen werden.

| **Mittelwertvergleich Brand Love** | | **CI** | | **Signifikanz** |
|---|---|---|---|---|
| | | Niedrig | Hoch | |
| **Marke** | Unbekannt | 1,8594 | 1,9384 | 0,497 |
| | Bekannt | 2,5406 | 3,9864 | 0,000 |

**Tabelle 26: MW-Vergleich der Brand Love – Faktoren Marke und CI**[36]

*Hypothese $H_7$* postuliert, dass der Effekt einer Produktinnovation auf die WOM-Intention stärker ist, wenn eine höhere Consumer Innovativeness vorliegt. Das Wilks-Lambda der Faktorkombination Produktinnovation und Consumer Innovativeness misst mit 0,997 einen hohen Wert (siehe *Tabelle 21*). Auch der Einfluss der beiden Faktoren auf die WOM-Intention, der in dem Wert 0,901 zum Ausdruck kommt, deutet nicht auf einen signifikanten Wirkzusammenhang hin (siehe *Tabelle 24*). Aus diesem Grund muss *Hypothese $H_7$* verworfen werden und es folgen keine weiteren Analysen der Wirkungsrichtung.

Nach den moderierenden Effekten erfahren nun die Interaktionseffekte eine Überprüfung. *Tabelle 27* liefert einen zusammenfassenden Überblick über die wichtigsten Ergebnisse der Hypothesenüberprüfung.

*Hypothese $H_8$* besagt, dass eine bekannte Marke zu einer höheren WOM-Intention führt, wenn ein geringer Preis vorliegt. Schon die Betrachtung des Wilks-Lambda-Wertes (0,218) lässt

[36] Eigene Darstellung

vermuten, dass diese Hypothese keine Bestätigung finden wird (siehe *Tabelle 21*). Darüber hinaus weist auch die gemeinsame Wirkung der beiden Faktoren auf die Preisfairness mit 0,616 keinen signifikanten Wert auf (siehe *Tabelle 27*). Aus diesem Grund muss *Hypothese $H_8$* abgelehnt werden.

| **Hypothesen der Interaktionseffekte** | **Mittel der Quadrate** | **F** | **Signifikanz** | **Partielles Eta-Quadrat** |
|---|---|---|---|---|
| $H_8$: Marke*Preis → WOM-Intention | 0,578 | 0,252 | 0,616 | 0,000 |
| $H_9$: Preis*Marke → Preisfairness | 6,147 | 2,910 | 0,089 | 0,005 |
| $H_{10}$: Preis*Produktinnovation → Preisfairness | 21,560 | 10,207 | 0,009 | 0,017 |
| $H_{11}$: Produktinnovation*Marke → WOM-Intention | 43,693 | 19,060 | 0,000 | 0,031 |
| Marke*Produktinnovation → Brand Love[37] | 7,457 | 4,788 | 0,029 | 0,008 |

**Tabelle 27: Ergebnisse zu den Interaktionseffekten**[38]

Eine Analyse der Interaktion derselben Einflussfaktoren (Marke und Preis) auf die Preisfairness zeigt ein Wilks-Lambda von 0,218. Der Signifikanzwert des Wirkungszusammenhangs Preis und Marke auf die Zielvariable Preisfairness beträgt 0,089 (siehe *Tabelle 27*). Unter Berücksichtigung der Aussage von *Nkwocha et al.* (2005, S. 55), dass bei Interaktionseffekten Werte von bis zu 0,25 zulässig seien, sollte *Hypothese $H_9$* weiter überprüft werden.

*Abbildung 5* lässt durchaus eine Bestätigung der postulierten Wirkungsrichtung vermuten. Während sich die wahrgenommene Preisfairness bei einem geringen Preis (Codierung: 0) kaum zwischen den Produkten einer unbekannten und einer bekannten Marke unterscheidet, ist dies bei einem hohen Preis (Codierung: 1) der Fall. Hier ist die Preisfairness höher ausgeprägt, wenn es sich um eine bekannte Marke (gestrichelte Linie) handelt. Die Abbildung der Ergebnisse weist auf eine ordinale Interaktion hin.

Ein genauer Mittelwertvergleich der Zielgröße Preisfairness stützt diesen Sachverhalt (siehe *Tabelle 28*). Während sich ein Mittelwertunterschied bei einem niedrigen Preis zwischen den Faktorstufen unbekannte bzw. bekannte Marke nicht identifizieren lässt, liegt bei einem ho-

[37] Zusätzlich zu den zuvor postulierten Interaktionseffekten konnte anhand der Datenauswertung ein weiterer Effekt zwischen einer Marke und einer Produktinnovation auf die Brand Love identifiziert werden.

[38] Eigene Darstellung

hen Preis ein signifikanter Unterschied (0,013) vor. Auch die Wirkungsrichtung stimmt mit der Hypothese überein, da der Mittelwert einer unbekannten Marke bei 2,487 und der einer bekannten Marke bei 2,9394 liegt. Die Effektstärke beträgt 0,5%. Somit liegt sie unter der Grenze, um als interpretierbar zu gelten (Cohen, 1988, S. 286 f.). Da diese Maßzahl jedoch nur als zusätzliche Information zu sehen ist, führt das geringe $\eta^2$ nicht zur Ablehnung der Hypothese.

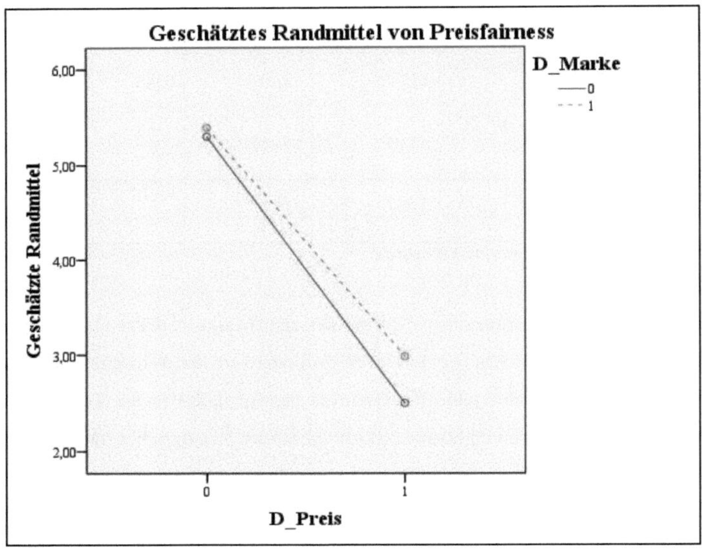


**Abbildung 5: Zusammenhang zwischen Preis und Marke auf Preisfairness**[39]

| **Mittelwertvergleich Preisfairness** | | **Marke** | | **Signifikanz** |
|---|---|---|---|---|
| | | Unbekannt | Bekannt | |
| **Preis** | Niedrig | 5,29 | 5,3943 | 0,551 |
| | Hoch | 2,487 | 2,9394 | 0,013 |

**Tabelle 28: MW-Vergleich der Preisfairness – Faktoren Preis und Marke**[40]

*Hypothese $H_{10}$* umfasst den Interaktionseffekt zwischen Preis und Produktinnovation. Letztere soll die negative Wirkung eines hohen Preises auf die Preisfairness abschwächen. Die beiden Faktoren weisen gemeinsam ein Wilks-Lambda von 0,009 auf und haben somit einen signifi-

[39] Eigene Darstellung (mit Hilfe von SPSS)
[40] Eigene Darstellung

kanten Effekt auf die Zielvariablen (siehe *Tabelle 21*). Bezogen auf die Preisfairness beträgt der Signifikanzwert 0,001 und ist ebenfalls als hoch einzustufen (siehe *Tabelle 27*). Nun interessiert also, ob auch die postulierte Wirkungsrichtung eine Bestätigung findet. Wie *Abbildung 6* zeigt, ist sowohl bei einem geringen (Codierung: 0) als auch bei einem hohen Preis (Codierung: 1) eine deutliche Steigerung der Preisfairness durch eine Innovation (gestrichelte Linie) zu erkennen. Bei einem hohen Preis ist dieser Effekt jedoch deutlicher zu beobachten. Da sich die Strecken nicht schneiden, kann man von einer ordinalen Interaktion ausgehen.

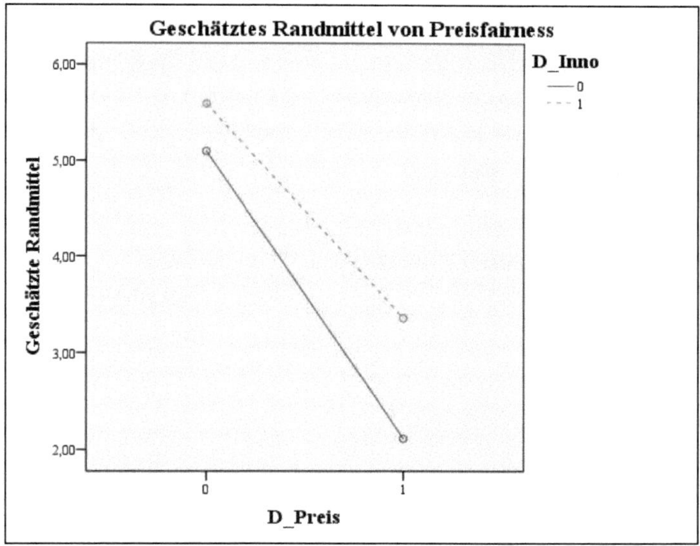


**Abbildung 6: Zusammenhang Preis und Produktinnovation auf Preisfairness**[41]

*Tabelle 26* bekräftigt diesen Schluss: Eine Produktinnovation führt sowohl bei einem niedrigen als auch bei einem hohen Preis zu einem höheren Mittelwert der Preisfairness. Bei einem hohen Preis ist der Unterschied der Mittelwerte jedoch deutlich größer, was sich auch in der Signifikanz von 0,000 (im Vergleich zu Sig. = 0,004 bei einem niedrigen Preis) widerspiegelt. In diesem Fall beträgt das partielle Eta-Quadrat 1,7%, was auf eine niedrige Effektstärke schließen lässt. Aufgrund der ausreichend großen Signifikanz sowie der übereinstimmenden Wirkungsrichtung kann *Hypothese* $H_{10}$ nicht verworfen werden

[41] Eigene Darstellung (mit Hilfe von SPSS)

| Mittelwertvergleich Preisfairness | | Produktinnovation | | Signifikanz |
|---|---|---|---|---|
| | | Keine | Solargehäuse | |
| **Preis** | Niedrig | 5,0937 | 5,5887 | 0,004 |
| | Hoch | 2,1039 | 3,3225 | 0,000 |

**Tabelle 29: MW-Vergleich der Preisfairness – Faktoren Preis und Produktinnovation**[42]

Die letzte Hypothese, die es zu überprüfen gilt, ist *Hypothese $H_{11}$*. Diese bringt zum Ausdruck, dass der Effekt eines Produktes mit einer innovativen Komponente auf die WOM-Intention stärker ist, wenn es sich dabei um eine bekannte Marke handelt. Das Wilks-Lambda der beiden Einflussfaktoren beträgt 0,000 und auch die konkrete Wirkung auf die WOM-Intention ist hochsignifikant (Sig. = 0,000; siehe *Tabellen 21* und *27*). Eine grafische Analyse lässt vermuten, dass die suggerierte Wirkungsrichtung korrekt ist. Die WOM-Intention wird beim Vorhandensein einer Innovation (Codierung: 1) durch eine bekannte Marke (gestrichelte Linie) noch gesteigert (siehe *Abbildung 7*).

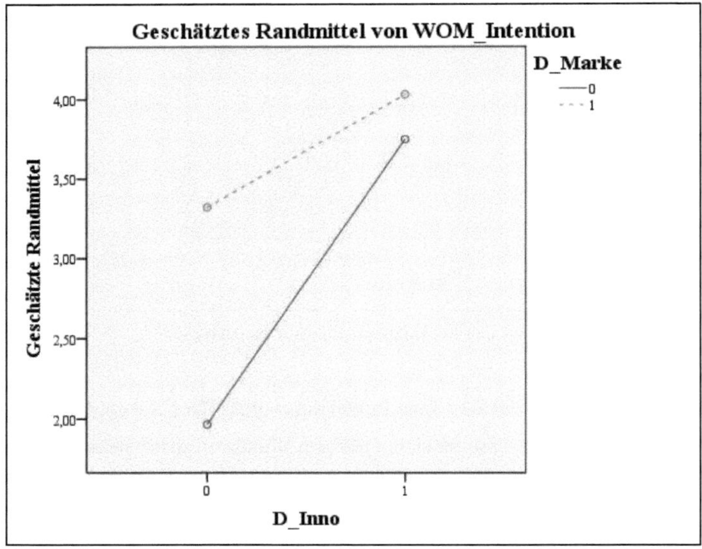


**Abbildung 7: Zusammenhang Produktinnovation und Marke auf WOM-Intention**[43]

[42] Eigene Darstellung
[43] Eigene Darstellung (mit Hilfe von SPSS)

Es fällt außerdem auf, dass, vor allem wenn keine Produktinnovation (Codierung: 0) vorliegt, das Markenprodukt eine deutlich höhere WOM-Intention zur Folge hat. Da sowohl Marke als auch Produktinnovation die WOM-Intention steigen lassen und sich die Rangfolge der Ausprägungen nicht ändert, liegt auch hier eine ordinale Interaktion vor.

Die numerischen Werte belegen, dass die Marke eine große Wirkung auf die WOM-Intention ausübt, wenn keine innovative Produkteigenschaft vorliegt (siehe *Tabelle 30*). Der Mittelwertunterschied (1,9773 bei einer unbekannten Marke im Vergleich zu 3,2761 bei einer bekannten Marke) ist in diesem Fall hochsignifikant (Sig. = 0,000). Liegt jedoch eine Produktinnovation vor, so hat die bekannte Marke zwar einen höheren Mittelwert der Zielgröße WOM-Intention zur Folge, der Unterschied zu einer unbekannten Marke ist aber nicht signifikant (Sig. = 0,204). Aus diesem Grund muss *Hypothese $H_{11}$* abgelehnt werden. Zur Vollständigkeit sei erwähnt, dass die Effektstärke für diesen Wirkungszusammenhang 3,1% beträgt.

| **Mittelwertvergleich WOM-Intention** | | **Marke** | | **Signifikanz** |
|---|---|---|---|---|
| | | Unbekannt | Bekannt | |
| **Produktinnovation** | Keine | 1,9773 | 3,2761 | 0,000 |
| | Solargehäuse | 3,7581 | 4,0032 | 0,204 |

**Tabelle 30: MW-Vergleich der WOM-Intention – Faktoren Produktinnovation und Marke**[44]

*Tabelle 31* liefert einen Überblick über alle Wirkungsbeziehungen, die Signifikanz- sowie $\eta^2$-Werte und eine kurze Begründung für eine mögliche Ablehnung der jeweiligen Hypothese. Es kann festgehalten werden, dass sieben der elf formulierten Hypothesen nicht verworfen werden müssen. Im nächsten Kapitel folgt die Interpretation dieser Ergebnisse.

## 4.8 Interpretation der Ergebnisse

### 4.8.1 Interpretation der direkten Effekte

In diesem Kapitel gilt es nun, sowohl die verworfenen als auch die nicht verworfenen postulierten Effekte zu interpretieren sowie mögliche Ursachen für Erstere aufzuzeigen. *Hypothese $H_1$* unterstellt, dass ein hoher Preis zu einer geringeren, wahrgenommenen Preisfairness führt als ein niedriger Preis. Dieser Effekt bezieht sich im Vergleich zu einer großen Zahl bisheriger Forschungsarbeiten auf einen absoluten Preis anstelle einer Preisveränderung. Er konnte

44 Eigene Darstellung

aufgrund eines hohen Signifikanzwertes (Sig. = 0,000) sowie mit einer großen Effektstärke von 45,1% nicht verworfen werden. Somit stützt die vorliegende Studie die Ergebnisse von *Kamen & Toman* (1970, S. 28 f.), welche anhand von Benzinpreisen einen Zusammenhang zwischen der Höhe eines Preises und der wahrgenommenen Preisfairness nachgewiesen haben.

| **Hypothesen** | **Signifikanz** | **Partielles Eta-Quadrat** | **Ablehnung?** | **Begründung** |
|---|---|---|---|---|
| $H_1$: Preis → Preisfairness | 0,000 | 0,451 | Nein | Signifkanz & Richtung |
| $H_2$: Marke → Brand Love | 0,000 | 0,236 | Nein | Signifkanz & Richtung |
| H3: Marke → WOM-Intention | 0,000 | 0,069 | Nein | Signifkanz & Richtung |
| H4: Produktinnovation → WOM-Intention | 0,000 | 0,147 | Nein | Signifkanz & Richtung |
| H5: Preis*CI → Preisfairness | 0,001 | 0,018 | Nein | Signifkanz & Richtung |
| H6: Marke*CI → Brand Love | 0,000 | 0,072 | Ja | Richtung |
| H7: Produktinnovation*CI→ WOM-Intention | 0,901 | 0,000 | Ja | Signifikanz |
| H8: Marke*Preis → WOM-Intention | 0,616 | 0,000 | Ja | Signifikanz |
| H9: Preis*Marke → Preisfairness | 0,089 | 0,005 | Nein | Signifkanz & Richtung |
| H10: Preis*Produktinnovation → Preisfairness | 0,009 | 0,017 | Nein | Signifkanz & Richtung |
| H11: Produktinnovation*Marke → WOM-Intention | 0,000 | 0,031 | Ja | (Signifikanz) |

**Tabelle 31: Übersicht über die Hypothesenüberprüfung**[45]

Weiterhin ist dieses Resultat konsistent mit den Implikationen der Equity Theory (Adams, 1965). Unter der Annahme, dass konstante Outcomes vorliegen, verringert ein höherer Preis das Outcome-Input-Verhältnis und somit auch die wahrgenommene Fairness. Die Ergebnisse dieser Studie zeigen, dass die Preisfairness auch dann ein aussagekräftiges und somit geeignetes Maß für die Untersuchung von Preiswahrnehmungen ist, wenn keine weiteren Informatio-

45 Eigene Darstellung

nen bspw. in Bezug auf die Motive und Preisstrukturen des Unternehmens vorliegen. Es kann davon ausgegangen werden, dass in diesem Fall die distributive Preisfairness von besonderer Bedeutung für die Bildung eines Preisfairnessurteils ist. Diese bezieht sich auf den offerierten Preis im Vergleich zu einem anderen (Diller, 2008, S. 165). In diesem Zusammenhang basiert der „andere Preis“ insbesondere auf Preisen aus der Vergangenheit sowie dem aktuellen, durchschnittlichen Marktpreis (Bolton et al., 2003, S. 407; Diller, 2008, S. 164). Insgesamt ist es sicherlich nicht verwunderlich, dass auch ein absoluter, hoher Preis ohne Einbeziehung weiterer Informationen als weniger fair wahrgenommen wird als ein geringerer. Aus diesem Grund sollte Hauptaugenmerk der Interpretationen auf den Moderations- sowie Interaktionseffekten liegen, welche sich auf die Zielgröße Preisfairness beziehen, da diese eine größere Aussagekraft besitzen (vgl. Huber et al., 2014, S. 76 f.).

Bei *Hypothese* $H_2$ richtet sich das Augenmerk auf den direkten Effekt der Marke auf die Brand Love. Demnach führt eine bekannte Marke zu einer stärkeren Ausprägung der Zielvariablen. Dieser Zusammenhang erfuhr aufgrund eines sehr hohen Signifikanzwertes (0,000) sowie einem $\eta^2$ von 23,6% keine Ablehnung. Daraus folgt, dass der Nachfrager bei Wahrnehmung der Marke Apple im Vergleich zu CUBOT eine deutlich größere Brand Love empfindet.

In der Hypothesenherleitung wurde bereits gezeigt, dass Marken, neben funktionellen Vorzügen, auch einen großen symbolischen Wert für Konsumenten haben können (Keller, 2008, S. 7 f.). Dieser symbolische Wert sollte sich insbesondere in der Brand Love widerspiegeln. *Batra et al.* (2012, S. 12) sind der Meinung, dass diese Markenliebe auch relativ neutralen Marken gegenüber verspürt werden kann. Die Ergebnisse der Studie zeigen zwar, dass die Markenliebe von CUBOT mit einem Mittelwert i. H. v. 1,9007 nicht gänzlich am unteren Ende der Skala liegt, die Ausprägung bei Apple ist jedoch deutlich höher (3,2329). Daraus folgt, dass die Intensität der Brand Love sehr stark von der Marke abhängig ist. Dies wiederum suggeriert, dass Unternehmen durchaus an ihrem Potential, den Konsumenten ein Objekt der Begierde zu liefern, arbeiten und somit auch indirekt die Vorzüge einer hohen Brand Love nutzen können.

Der nächste direkte Effekt berücksichtigt denselben Faktor (Marke) und bezieht sich auf deren Wirkung auf die WOM-Intention. *Hypothese* $H_3$ postuliert, dass eine bekannte Marke zu einer höheren WOM-Intention beim Konsumenten führt, und musste nicht verworfen werden

(Sig. = 0,000; $\eta^2$ = 0,069). Dieser Zusammenhang wurde basierend auf unterschiedlichen Studien, die bspw. die Bedeutung der self-expressiveness oder der Zugänglichkeit einer Marke für die Mundpropaganda untersuchen, hergeleitet (vgl. Berger & Schwartz, 2011, S. 870; Carroll & Ahuvia, 2006, S. 85). Theoretische Basis für diese Hypothese war das ETMoIC von *Gatignon & Robertson* (1986, S. 534), welches auf der Überlegung basiert, dass WOM dann stattfindet, wenn ein Kosten-Nutzen-Vergleich ein positives Resultat verspricht. Das Risiko, falsche Aussagen zu treffen, stellt hierbei einen der größten Kostenpunkte dar (Gatignon & Robertson, 1986, S. 535). Aus unterschiedlichen Forschungsarbeiten, welche sich auf das Vertrauen gegenüber Marken und dessen Auswirkungen beziehen, wurde diesbezüglich abgeleitet, dass Marken dabei helfen können ein solches Risiko zu reduzieren (vgl. Gremler et al., 2001, S. 52; Ranaweera & Prabhu, 2003, S. 89; Xia et al., 2004, S. 5). Diese Herleitung und die damit verbundene Hypothese findet im durchgeführten Experiment Unterstützung. Da in Bezug auf bekannte Marken eine deutlich höhere WOM-Intention besteht als bei unbekannten, sollte dies auch zu einer höheren, tatsächlichen Mundpropaganda führen. Somit kann die Markenbekanntheit einen sich selbst verstärkenden Effekt haben, indem WOM über sie betrieben und sie dadurch noch bekannter wird.

Der letzte direkte Effekt (*Hypothese $H_4$*) basiert auf der Überlegung, dass ein Produkt mit einer Innovation eine höhere WOM-Intention nach sich zieht als ein Produkt ohne Neuheit. Auch diese Hypothese weist einen hohen Signifikanzwert (Sig. = 0,000) sowie eine große Effektstärke ($\eta^2$ = 0,147) auf und wurde nicht verworfen. Für die Herleitung dieses Zusammenhangs dienten verschiedene Forschungsarbeiten, die ebenfalls Ursachen von WOM untersuchten. Diese Ursachen sind bspw. das Interesse sowie die Überraschung und somit keine konkreten Produkteigenschaften (vgl. Berger & Schwartz, 2011, S. 870; Derbaix & Vanhamme, 2003, S. 105 f.). Ein Merkmal wie das Vorhandensein einer Innovation kann allerdings überraschend wirken (Derbaix & Vanhamme, 2003, S. 106). *Moldovan et al.* (2011, S. 112) zeigen in ihrer Studie, dass die Originalität eines Produktes ein höheres Ausmaß von Mundpropaganda zur Folge hat. Unter Originalität verstehen sie die Neu- bzw. Einzigartigkeit eines Produktes im Vergleich zu bisherigen Angeboten (Moldovan et al., 2011, S. 110). Da dieses Verständnis der Definition einer Innovation äußerst ähnlich ist, kann das Ergebnis durch die vorliegende Studie gewissermaßen gestützt werden. Weiterhin wurde in der Herleitung der Hypothese darauf hingewiesen, dass das ETMoIC von *Gatignon & Robertson* (1986) ebenfalls den Verdacht zulässt, eine Produktinnovation könne das Risiko zur Preisgabe falscher Informationen erhöhen und somit die WOM-Intention senken. Diese Zweifel konnten jedoch, wie zuvor vermutet, durch die empirischen Ergebnisse aus dem Weg geräumt werden. Konsumenten verspüren folglich bei neuartigen, originellen Produkten einen deutlich stärkeren Drang darüber zu sprechen als bei weniger innovativen.

### 4.8.2 Interpretation der moderierenden Effekte

*Hypothese $H_5$* postuliert, dass der negative Einfluss eines hohen Preises auf die wahrgenommene Preisfairness geringer ist, wenn ein Konsument eine hohe Consumer Innovativeness aufweist. Dieser Zusammenhang musste aufgrund einer hohen Signifikanz (0,001) und einer geringen Effektstärke ($\eta^2$ = 0,018) nicht abgelehnt werden. Für die Herleitung der Hypothese war insbesondere die Klassifizierung von *Rogers* (2003, S. 282) von Relevanz, wonach Innovatoren mit einer höheren finanziellen Ressourcenbasis ausgestattet seien. Dies lässt den Schluss zu, dass sie auch höhere Preise akzeptieren bzw. diese als fairer empfinden. Auch *Aroean & Michaelidou* (2014, S. 257) sind der Ansicht, dass innovative Konsumenten tendenziell stärker gewillt sind, höhere Preise zu zahlen. Diese Vermutungen konnten durch die vorliegende Studie nicht falsifiziert werden. Dies zeigt sich, neben der deutlich stärker ausgeprägten Preisfairness eines teuren Smartphones bei den Innovatoren, außerdem in ihrem tatsächlichen Konsumverhalten. Während bei ihnen der Wert des aktuellen Smartphones bei Erwerb durchschnittlich 685,11€ betrug, lag dieser Wert bei den Nicht-Innovatoren lediglich bei 376,40€. Innovative Konsumenten empfinden hohe Preise folglich nicht nur als weniger unfair, sie konsumieren auch tatsächlich teurere Produkte.

*Hypothese $H_6$* postuliert den moderierenden Effekt der Consumer Innovativeness auf den Zusammenhang zwischen einer bekannten Marke und der Zielvariablen Brand Love. Demnach ist der Effekt einer Marke auf die Brand Love geringer, wenn eine hohe Consumer Innovativeness vorliegt. Trotz eines hochsignifikanten Effekts (0,001) mit einer mittleren Effektstärke ($\eta^2$ = 0,072) musste diese Hypothese aufgrund der Wirkungsrichtung abgelehnt werden. Auch hier spielten die Eigenschaften der Innovatoren nach *Rogers* (2003) eine wichtige Rolle für die Herleitung. Innovatoren sind waghalsig und haben die Fähigkeit, mit großer Unsicherheit umzugehen (Rogers, 2003, S. 282). Darüber hinaus haben sie einen stärkeren Drang, nach neuen diskrepanten Informationen zu suchen und somit auch eine größere Bereitschaft bei der Markenwahl zu variieren (Hirschman, 1980, S. 284). All diese Eigenschaften deuteten auf den postulierten Wirkungszusammenhang hin, doch tatsächlich zeigte sich ein umgekehrter Effekt. Während eine unbekannte Marke von Konsumenten mit einer mehr oder weniger stark ausgeprägten Consumer Innovativeness ungefähr eine gleiche Ausprägung von Brand Love zur Folge hatte, divergierte dies bei einer bekannten Marke signifikant. Eine bekannte Marke führte bei innovativen Konsumenten zu einer deutlich größeren Brand Love als bei weniger innovativen Konsumenten. Dies könnte bedeuten, dass Konsumenten mit einer stark ausgeprägten Consumer Innovativeness, zumindest in Bezug auf Smartphones, nicht nur an Innovationen, sondern genauso an der zugrundeliegenden Marke interessiert sind. Um mögliche Ursachen für dieses Resultat aufzudecken, dienen die Ergebnisse der deskriptiven Analyse. Während der Großteil der Nicht-Innovatoren Smartphones mit dem Betriebssystem Android nutzt, besitzt die Mehrheit der Innovatoren mobile Endgeräte mit dem Betriebssystem iOS (iPhones). Da nun Apple als bekannte Marke für die Untersuchung von Brand Love herangezogen wurde, kann dieser Umstand dafür verantwortlich sein, dass nicht nur die Marke für die starke Ausprägung der Zielvariable verantwortlich ist, sondern auch die Tatsache, dass dies die präferierte Marke der Innovatoren ist. Ein weiterer Grund für dieses Ergebnis könnte sein, dass Apple von Nachfragern als eine recht innovative Marke wahrgenommen wird, was sich günstig auf die Beziehung zwischen einem Innovator und der Marke auswirken könnte. Dies wiederum wäre kongruent mit der Interpretationsweise, dass Konsumenten mit einer hohen Consumer Innovativeness zwar innovative Produkte wichtig sind und sie in Bezug auf Innovationen auch zu einem Markenwechsel bereit wären, gegenüber einer innovativen Marke jedoch durchaus eine emotionale, langfristige Beziehung aufbauen können.

*Hypothese $H_7$* beschreibt den verstärkenden Effekt von Consumer Innovativeness bei einer Produktinnovation auf die WOM-Intention. Aufgrund mangelnder Signifikanz konnte dieser Zusammenhang nicht nachgewiesen werden. Grund für die Annahme waren erneut die zentralen Charakteristika der Innovatoren, welche die Forschungsliteratur liefert. So sollen Konsumenten mit einer hohen Consumer Innovativeness ständig auf der Suche nach Neuem sowie nach Veränderungen sein (Hirschman, 1980, S. 285 f.; Ruvio & Shoham, 2007, S. 707 f.). Produktinnovationen bieten ihnen also die Möglichkeit, diese Eigenschaft auszuleben. Deshalb haben Innovatoren wohl grundsätzlich ein größeres Interesse an Neuem. Weil das Interesse wiederum eine der wichtigen Ursachen von WOM ist (Berger & Schwartz, 2011, S. 870), sollte somit auch die WOM-Intention steigen. Weiterhin üben Innovatoren häufig die Rolle eines gut vernetzten Informationsvermittlers aus (Feick & Price, 1987, S. 84; Midgley & Dowling, 1993, S. 617; Rogers, 2003, S. 283), was grundsätzlich für eine höhere WOM-Intention spricht. All diese Punkte deuteten also daraufhin, dass Innovatoren noch einen größeren Drang haben über eine Produktinnovation zu sprechen. Das Ausbleiben dieses Effektes lässt unterschiedliche Schlüsse zu. Zunächst ist es sehr gut möglich, dass Innovatoren als Informationsvermittler dienen, sie diese Funktion jedoch nur dann annehmen, wenn die andere Partei aktiv um Informationen bittet. Weiterhin deutet dieses Ergebnis darauf hin, dass bei einer Untersuchung zur Entstehung von Mundpropaganda die Beweggründe eher bei den Produkt- und weniger bei den Konsumenteneigenschaften zu suchen sind. Eine mögliche Ursache für diese Feststellung könnte sein, dass die gewählte Innovation (das Solargehäuse), obwohl sie den Manipulation Check klar bestanden hat, für die Innovatoren zu naheliegend war, da sie ein umfangreicheres Wissen über die technologischen Möglichkeiten in Bezug auf Smartphones besitzen.

### 4.8.3 Interpretation der Interaktionseffekte

Um die Interpretation der Ergebnisse abzuschließen, sollen nun noch die Interaktionseffekte gedeutet werden. In *Hypothese $H_8$* wird angenommen, dass ein geringer Preis die Wirkung einer bekannten Marke auf die WOM-Intention zusätzlich erhöht. Aufgrund mangelnder Signifikanz musste dieser Zusammenhang jedoch verworfen werden. Für die Herleitung dieser Hypothese hat erneut das ETMoIC von *Gatignon & Robertson* (1986) Anwendung gefunden. Die zahlreichen Vorteile, die etablierte Marken mit sich bringen, sollten in diesem Zusammenhang dazu führen, dass die Risiken der Mundpropaganda reduziert werden und somit die Intention dazu steigt (vgl. Keller, 2008, S. 7; Kotler & Bliemel, 2001, S. 730; Mazzarol et al., 2007, S. 1486–1488). Darüber hinaus sollte ein solch gutes Preis-Leistungsverhältnis, wie es ein Markenprodukt zu einem geringen Preis darstellt, einen Überraschungseffekt haben, der ebenfalls mehr WOM zur Folge hat (Derbaix & Vanhamme, 2003, S. 106). Eine Betrachtung des Mittelwertvergleichs zeigte zwar, dass ein Markenprodukt mit einem geringen Preis eine höhere WOM-Intention auslöst als ein hochpreisiges, doch der Unterschied war nicht signifikant. Viel eher wirken die beiden Faktoren Marke und Preis unabhängig voneinander auf die WOM-Intention, und es genügt schon das Vorhandensein einer günstigen Ausprägung, um ein höheres Maß an Mundpropaganda zu erhalten. Das wiederum heißt, dass sich die WOM-Intention durch beide Einflussgrößen separat erhöhen lässt.

*Hypothese $H_9$* bezieht sich ebenfalls auf einen Interaktionseffekt zwischen den beiden Faktoren Preis und Marke, in diesem Fall jedoch auf die Zielvariable Preisfairness. Demnach sollte die wahrgenommene Preisfairness eines hohen Preises durch das Vorhandensein einer Marke steigen. Dieser Zusammenhang konnte aufgrund einer ausreichend hohen Signifikanz von 0,089 nicht verworfen werden (die Effektstärke ist vernachlässigbar gering). Ausgangspunkt für die aufgestellte Behauptung waren bisherige Erkenntnisse der Marktforschung, die zeigen, dass Abnehmer Preisprämien bei Markenprodukten zumeist akzeptieren (vgl. Aaker, 1996, S. 105 f.; Batra et al., 2012, S. 4; Thomson et al., 2005, S. 79). Außerdem wurde erneut die Equity Theory von *Adams* (1965) herangezogen, um zu verdeutlichen, dass Marken die Outcomes und somit auch das Outcome-Input-Verhältnis erhöhen können. Das gegenüber einer bekannten Marke aufgebaute Vertrauen sowie das abgeleitete Motiv sollten diesen Effekt noch weiter begünstigen (Campbell, 1999, S. 197; Xia et al., 2004, S. 5). Die Hypothesenüberprüfung belegt die Vermutung, dass eine Marke die wahrgenommene Preisfairness eines hohen Preises signifikant erhöht. Bekannte Marken rechtfertigen also tatsächlich einen höheren Preis, im Gegensatz zu unbekannten Marken. Das bloße Markenzeichen – ohne Einbeziehung spezieller Leistungsmerkmale, Informationen über das Preissetzungsverfahren oder die Gewinnstruktur – kann zu einer Erhöhung der wahrgenommenen Preisfairness führen.

*Hypothese $H_{10}$* bezieht sich auf den Zusammenhang zwischen der Produktinnovation und der Preisfairness. Auch neue Produkteigenschaften sollen dafür sorgen, dass ein hoher Preis als fairer wahrgenommen wird. Mit einer hohen Signifikanz (Sig. = 0,009) und einer Effektstärke von 1,7% konnte dieser Zusammenhang nicht verworfen werden. Aufgrund der vorhandenen Parallelen fand bei der Herleitung dieser Hypothese ebenfalls die Equity Theory (Adams, 1965) Verwendung. Das Vorhandensein einer Innovation steigert die Outcomes und damit das Outcome-Input-Verhältnis. Weiterhin wurde das Prinzip des Dual Entitlement (Kahneman et al., 1986b) für die Herleitung der Hypothese herangezogen. Eine der zentralen Aussagen davon lautet, dass ein höherer Preis als weniger unfair empfunden wird, wenn Kostensteigerungen der Hauptgrund dafür sind (Fassnacht & Mahadevan, 2010, S. 298). Da eine Produktinnovation für technologischen Fortschritt steht und dies oftmals mit höheren Forschungs-, Entwicklungs- und Herstellungskosten verbunden ist, sollten die Konsumenten in diesem Fall eine höhere Kostenstruktur erwarten. Einen weiteren Einflussfaktor der Wahrnehmung der Preisfairness stellt die Vergleichbarkeit von Transaktionen dar (Xia et al., 2004, S. 4). Mit sinkender Vergleichbarkeit der Transaktionen steigt die wahrgenommene Preisfairness, da Preisunterschiede diesem Unterschied zugeordnet werden können. Produktinnovationen sollten die Vergleichbarkeit mit anderen Produkten dieser Klasse verringern und somit einen höheren Preis rechtfertigen. Auch in diesem Fall konnte der Zusammenhang bestätigt werden, sodass eine Produktinnovation dazu führen kann, dass ein hoher Preis mit größerer Wahrscheinlichkeit von den Konsumenten akzeptiert wird. Dafür müssen keine Informationen bzgl. der Kostenstruktur des Unternehmens geliefert werden. Dies wiederum bedeutet, dass Produktinnovationen auch dann Preiserhöhungen ermöglichen, wenn die Kosten gar nicht steigen.

Die empirische Überprüfung von *Hypothese* $H_{11}$ weist zwar eine hohe Signifikanz (Sig. = 0,000) sowie eine geringe Effektstärke ($\eta^2 = 0{,}031$) auf, musste jedoch aufgrund eines zu geringen Mittelwertunterschieds, hervorgerufen durch die relevanten Faktorausprägungen, abgelehnt werden. Aussage dieser Hypothese ist, dass der Effekt eines Produktes mit einer innovativen Komponente auf die WOM-Intention stärker ist, wenn es sich dabei um eine bekannte Marke handelt. Hauptargument der zugrundeliegenden Herleitung war, dass die Marke die Hemmnisse eines Individuums, Mundpropaganda zu betreiben, senken kann. Das Qualitätssignal einer Marke sollte demnach die Unsicherheit einer Innovation kompensieren. Der Mittelwertvergleich hat zwar gezeigt, dass eine bekannte Marke in Bezug auf ein innovatives Produkt tatsächlich zu einer höheren WOM-Intention führt als eine unbekannte Marke, der zugrundeliegende Unterschied ist jedoch nicht eindeutig genug (Sig. = 0,204) und kann daher nicht als bestätigt betrachtet werden. Ähnlich wie bei *Hypothese* $H_8$ ist deutlich zu erkennen, dass beide Faktoren unabhängig auf die WOM-Intention wirken, beide erhöhen diese bei der jeweils günstigen Faktorstufe (Solargehäuse und Apple). Somit reicht auch in diesem Fall eine Einflussgröße aus, um die Ausprägung der Zielvariablen deutlich zu steigern. Es ist also bspw. für die WOM-Intention eines Konsumenten von untergeordneter Bedeutung, welche Marke eine Innovation auf den Markt bringt, die Neuartigkeit des Produktes alleine liefert ausreichend Gesprächsstoff.

## 4.9 Marketingpolitische Implikationen

### 4.9.1 Implikationen für die Marketingforschung

Die Ergebnisse offenbarten interessante Erkenntnisse zur wahrgenommenen Preisfairness, der Entstehung von Brand Love sowie WOM. Außerdem wurden wichtige Beziehungen zwischen den verschiedenen Einflussfaktoren identifiziert sowie mögliche Einflüsse der Konsumenteneigenschaft Consumer Innovativeness auf die direkten Effekte aufgedeckt bzw. ausgeschlossen. Aufgrund der fundierten theoretischen Herleitung des Themas sowie der Hypothesen können die Ergebnisse dieser Studie als relevant für die Forschung eingeschätzt werden.

Zunächst lässt sich festhalten, dass ein hoher wahrgenommener Preis zu einer geringeren Preisfairness führt. Von besonderem Interesse war in diesem Zusammenhang v. a. die Frage, wie interagierende und moderierende Effekte die Wirkung des Preises auf die Preisfairness beeinflussen. Sowohl die Consumer Innovativeness, als auch eine bekannte Marke und/oder eine innovative Produkteigenschaft, steigern die wahrgenommene Preisfairness eines hohen Preises. Die gewonnenen Erkenntnisse könnten insbesondere durch eine Erweiterung des Faktors Preis angereichert werden. Hierzu sind bspw. zusätzliche Informationen über das zugrundeliegende Preissetzungsverfahren, die Kosten- oder Gewinnstruktur des Unternehmens denkbar (vgl. Campbell, 2007; Ferguson et al., 2014; Kahneman et al., 1986b).

Ferner konnte gezeigt werden, dass eine bekannte Marke zu einer höheren Brand Love und WOM-Intention führt als eine unbekannte Marke (CUBOT). Weiterhin fand bspw. auch der postulierte Interaktionseffekt, dass eine Marke die wahrgenommene Preisfairness eines hohen Preises steigern kann, Bestätigung durch die Daten. Um die Generalisierbarkeit dieser Ergebnisse zu ermöglichen, sollten bei einer weiteren Untersuchung zunächst die Marken variiert werden. Es wäre z. B. interessant zu untersuchen, ob Samsung als bekannte Marke sowie eine andere unbekannte Marke (UHAPPY, 3Q, LANDVO, DOGEE, usw.) zu ähnlichen Resultaten führen.

Für die Produktinnovation als letzte unabhängige Variable konnten teilweise ähnliche Effekte wie für die Marke identifiziert werden. Auch das Vorhandensein einer innovativen Komponente führt zu einer höheren WOM-Intention und kann die negative Wirkung eines hohen Preises auf die Preisfairness abschwächen. Der Moderationseffekt, dass Innovatoren bei Produktinnovationen einen noch größeren Drang zur Mundpropaganda haben als Nicht-Innovatoren, konnte jedoch keine Bestätigung finden. Aus einem guten Grund wurde für dieses Experiment mit dem Solargehäuse eine Innovation gewählt, die gleichzeitig leicht zu begreifen, nutzenstiftend und doch innovativ genug ist. Diese Schlichtheit könnte aber eine Ursache für das Scheitern des Moderationseffekts sein. Möglicherweise sprechen nur Produkteigenschaften mit einem deutlich höheren Neuheitsgrad das Interesse der Innovatoren an. Aus diesem Grund könnte ein weiteres Experiment mit einer komplexeren Innovation ein besseres Verständnis für diesen Zusammenhang schaffen.

Die Moderationseffekte wurden mit Hilfe einer a posteriori Einteilung der Probanden untersucht. Zu diesem Zweck fand eine bereichsspezifische Innovativeness-Skala Anwendung, da eine solche Messung, im Vergleich zu anderen Möglichkeiten, eine höhere Erklärungsgüte verspricht (Gatignon & Robertson, 1985, S. 861; Roehrich, 2004, S. 675). Um die Ergebnisse dieser Studie zu verifizieren und zu generalisieren, sollte ein solches Experiment in anderen

Konsumbereichen durchgeführt werden. Besonders wertvoll wäre eine Anwendung dieses Untersuchungsmodells über die gängigen, unterschiedlichen Typologien von Konsumgütern hinweg: „convencience goods", „shopping goods" und „specialty goods" (Holton, 1958, S. 53–55; Meffert et al., 2012, S. 106 f.).

Neben den möglichen Anpassungen der unabhängigen Variablen dürfte ebenfalls die Untersuchung weiterer Einflussfaktoren interessant sein. So könnte man bspw. den Einfluss des Produktdesigns auf die Zielgrößen untersuchen. Das Design wurde in der Forschung als kritischer Erfolgsfaktor für Unternehmen identifiziert und hat somit auch strategische Relevanz für die Praxis (Homburg et al., 2015, S. 41; Jindal et al., 2016, S. 72). Im Hinblick auf das vorliegende Untersuchungsmodell wären sicherlich direkte sowie interagierende Effekte auf die drei abhängigen Variablen (Preisfairness, Brand Love und WOM-Intention) denkbar. Erkenntnisreich könnte bspw. eine Untersuchung möglicher, unterschiedlicher Effekte von hedonistischen und utilitaristischen Produkten auf die Zielvariablen sein. Konsumenten kaufen i. d. R. Produkte, damit sie ihnen einen hedonistischen oder einen utilitaristischen Nutzen stiften (Voss et al., 2003, S. 310). In diesem Zusammenhang konnte u. a. schon gezeigt werden, dass sich höhere Preise bspw. besser mit hedonistischen als mit utilitaristischen Produkten durchsetzen und rechtfertigen lassen (Dhar & Wertenbroch, 2000, S. 67). Interessant wäre eine Untersuchung des moderierenden Einflusses der Consumer Innovativeness auf die Beziehungen zwischen einem Faktor hedonistisch/utilitaristisch und den drei abhängigen Variablen.

Ergänzend zu den bisherigen Empfehlungen bieten auch die Zielgrößen Anhaltspunkte für weitere Implikationen. Speziell die WOM-Intention liefert Raum für mögliche Anpassungen bzw. Erweiterungen der Untersuchung. So könnte man bspw. in Anlehnung an die Studie von *Moldovan et al.* (2011, S. 112), neben der WOM-Intention, auch die WOM-Valenz analysieren. Mit zunehmender Nutzung von Social Media Plattformen wie Facebook steigt auch deren Relevanz für WOM bzw. Online-WOM (Eisingerich et al., 2015, S. 120). Da Mundpropaganda sich im online und offline Bereich unterscheidet (Baker et al., 2016, S. 227), könnten die gewonnenen Hypothesen in beiden Umgebungen eine Analyse erfahren.

Um profundere Einblicke in das Wirkungsmodell zu erhalten, wäre es weiterhin denkbar, eine qualitative Untersuchung vorzunehmen. Zweckdienlich wären Laborexperimente, in denen reale Produkte Verwendung finden. Darüber hinaus hat die Auswertung der empirischen Daten zwei interessante Wirkungszusammenhänge aufgedeckt, die nicht Teil des Untersuchungsmodells waren. So hat offensichtlich die Marke gemeinsam mit der Consumer Innovativeness einen signifikanten Einfluss auf die WOM-Intention. Weiterhin deutet sich auch ein signifikanter Interaktionseffekt zwischen einer Marke und einer Produktinnovation auf die Brand Love an. Beide Zusammenhänge sollten in weiteren Studien näher beleuchtet werden.

### 4.9.2 Implikationen für die Marketingpraxis

Mit der vorliegenden Studie konnte erneut gezeigt werden, dass ein höherer Preis zu einer geringeren Preisfairness führt (*Hypothese* $H_1$). Für Unternehmen, die höherpreisige Produkte vertreiben möchten, bedeutet das, dass sie diesen Preis in irgendeiner Form rechtfertigen müssen. Zur Rechtfertigung eignet sich entweder die Marke oder eine innovative Produktkomponente. Eine andere Option wäre, die Konsumenten mit zusätzlichen Informationen über das Zustandekommen dieses höheren Preises auszustatten, dies kann bspw. durch die Offenlegung der Kostenstrukturen oder der Gewinnmargen geschehen (Xia et al., 2004, S. 9).

Ein Unternehmen sollte allerdings auch für den Fall gewappnet sein, dass Konsumenten den Preis als unfair empfinden. Geht es den Konsumenten dabei nur um monetäre Nachteile, so wäre eine Kompensation in Form einer Erstattung oder materiellen Gegenleistung denkbar. Sind die Empfindungen der Konsumenten mit starken, negativen Emotionen verbunden, sollte man ihnen Raum geben, diese zu bekunden – z. B. in einem moderierten Forum. Auf diesem Weg lassen sich die negativen Auswirkungen, insbesondere in Form von NWOM, beschränken (Xia et al., 2004, S. 9).

Die Bestätigung der *Hypothesen* $H_3$ und $H_4$ zeigen, dass eine bekannte Marke sowohl eine größere Brand Love, als auch eine höhere WOM-Intention zur Folge haben kann. Dieses Ergebnis untermauert die immer wieder in Forschung und Praxis betonte Relevanz der Markenbildung (Aaker, 1991, S. 21 f.; Keller, 2008, S. 37 f.). Führt man sich vor Augen, dass eine Steigerung der Markenbekanntheit sowohl eine höhere Brand Love, als auch eine größere WOM-Intention mit sich bringt, so lässt sich ein sich selbst verstärkender, positiver Effekt erkennen. Erfolgreiche Investitionen in die Marke stärken daher den Drang der Konsumenten, über diese zu sprechen. Die daraus resultierende Mundpropaganda kann wiederum zu einem zusätzlichen Wachstum der Markenbekanntheit führen. Um gezielt die positiven Auswirkungen einer Marke auf die Brand Love zu verstärken, sollte v. a. ihre symbolische Bedeutung für das Selbstbild des Konsumenten sowie seine inneren Werte erhöht und klar kommuniziert werden (Batra et al., 2012, S. 13). Ein sehr gutes Beispiel dafür ist die, im Versuchsdesign gewählte, Marke Apple, die für Kreativität und die Möglichkeit zur Selbstverwirklichung steht. Darüber hinaus kann es für Consumer-Brand Relationships zweckdienlich sein, den langfristigen Charakter dieser Beziehung mit Hilfe von Kundenbindungs- bzw. Loyalitätsprogrammen sowie regen Interaktionen mit den Konsumenten hervorzuheben (Batra et al., 2012, S. 4–14). Letzteres kann bspw. durch soziale Medien geschehen. Als beispielhaftes Vorbild können Marken insbesondere Fußballvereine heranziehen, die dem Fan durch ständige Einblicke hinter die Kulissen das Gefühl geben, Teil der Mannschaft zu sein. Gelingt einem Unternehmen die Stärkung der Beziehung zwischen Marke und Konsumenten, so sollte diese umso stabiler und langanhaltender sein (Fournier, 1998, S. 366).

Nachweisen ließ sich ferner der Zusammenhang zwischen einer innovativen Produkteigenschaft und einer größeren Weiterempfehlungsabsicht. Dies stellt insbesondere für (noch) eher unbekannte Marken eine spannende Erkenntnis dar. Kombinieren Markenunternehmen die Produkteinführung mit geschickten Maßnahmen zur Förderung von Mundpropaganda, so können sie ihren Bekanntheitsgrad und damit auch den Markenwert schnell steigern. Grundsätzlich muss sich das Unternehmen jedoch stets im Klaren darüber sein, dass ein Konsument nicht ohne Grund über ein Produkt spricht – es muss ihm also etwas bieten (Dichter, 1966, S. 161 f.). Zunächst können Unternehmen den Innovationsgrad eines Produktes auch in das Produktdesign einfließen lassen. Auf diesem Weg sollte sich der Überraschungseffekt, den ein Produkt beim Konsumenten auslösen kann, steigern lassen (Derbaix & Vanhamme, 2003, S. 106). *Dichter* (1966, S. 162–165) liefert noch weitere Möglichkeiten zur Belebung der Mundpropaganda, die sich auf den vorliegenden Zusammenhang übertragen lassen. Zum einen ist es hilfreich, wenn die zentralen Aussagen einer Werbebotschaft prägnant und spannend gestaltet sind. Weiterhin können Unternehmen mit ihren Kunden in Kontakt treten und deren Produkterfahrung aktiv erfragen. Nicht zuletzt geben Einblicke hinter die Kulissen des Unternehmens einem Konsumenten das Gefühl von Exklusivität (Dichter, 1966, S. 162–165). Darüber hinaus lässt sich WOM generieren, indem Unternehmen sog. „key influencer" identifizieren und mit den eigenen Produkten ausstatten. Diese können im Nachhinein ihre Erfahrungen mit dem Bekanntenkreis teilen (Godes & Mayzlin, 2009, S. 721 f.). In diesem Zusammenhang konnten *Godes & Mayzlin* (2009, S. 737) feststellen, dass es dabei durchaus sinnvoll ist, auf weniger loyale Kunden zu setzen. Bei ihnen lassen sich größere Effekte erzielen, weil in ihrem Netzwerk die Marke i. d. R. weniger verbreitet ist als bei loyalen Kunden (Godes & Mayzlin, 2009, S. 737).

Wie die Ergebnisse der Studie ferner zeigen, empfinden Innovatoren im Vergleich zu Nicht-Innovatoren einen höheren Preis als fairer, sie sind also weniger preissensibel. Zudem zeigt das Ergebnis der *Hypothese $H_{10}$*, dass eine Produktinnovation die wahrgenommene Preisfairness eines hohen Preises erhöht. Dieser Effekt entsteht, ohne dass mögliche Kostensteigerungen offengelegt werden. Was wiederum bedeutet, dass im Hinblick auf Produktinnovationen auch dann Preiserhöhungen möglich sind, wenn die Kosten konstant bleiben oder gar gesunken sind. Kombiniert man diesen Umstand mit der geringeren Preissensibilität von Innovatoren, so ergeben sich immense Gewinnpotenziale. Bezogen auf den vorliegenden Zusammenhang konnte also empirisch untermauert werden, dass es durchaus sinnvoll ist, beim Vorhandensein einer innovativen Produktkomponente bei der Einführung von Neuprodukten zunächst einen höheren Preis anzusetzen, um damit die Preisbereitschaft der weniger preissensiblen Innovatoren abzuschöpfen. Im späteren Produktlebenszyklus kann dann eine Senkung des Preises erfolgen, um auch die Nicht-Innovatoren anzusprechen. Wird die höhere Preisfairness eines innovativen Produktes außerdem durch die Reduzierung der Transaktionsähnlichkeit herbeigeführt, können Unternehmen diesen Zusammenhang nutzen. Sie könnten gezielt die Vergleichbarkeit von Transaktionen senken, um höhere Preise durchzusetzen. Mögliche Mittel dafür sind bspw., neben innovativen Komponenten, auch Produktdifferenzierungen sowie -personalisierungen (Xia et al., 2004, S. 8 f.).

Obwohl *Hypothese $H_6$*, die den Zusammenhang zwischen Consumer Innovativeness und den Effekt einer bekannten Marke auf die Brand Love beleuchtet, keine Bestätigung fand, liefert sie Erkenntnisse für die Praxis. Denn tatsächlich ergab sich ein signifikantes Ergebnis in entgegengesetzter Wirkungsrichtung. Die aus einem Markenprodukt resultierende Brand Love war bei den Innovatoren deutlich stärker ausgeprägt als bei den Nicht-Innovatoren. Das Ergebnis lässt sich so interpretieren, dass Innovatoren durchaus dazu neigen, eine tiefergehende, emotionale Beziehung gegenüber Marken aufzubauen. Es liegt natürlich die Vermutung nahe, dass dies insbesondere für Marken gilt, die einen innovativen Charakter haben und regelmäßig neuartige Produkte entwickeln. Entspricht eine Marke diesem Profil (wie z. B. Apple), so muss sie nicht zwangsläufig auf die breite Masse abzielen, um wertvolle Consumer-Brand Relationships aufzubauen, sondern kann bereits mit den Innovatoren beginnen. Gelingt es einem Unternehmen, solche tiefergehenden Beziehungen mit Innovatoren aufzubauen, können sie das bereits angedeutete Gewinnpotenzial noch erhöhen. Konsumenten haben den Drang die Beziehungen zu ihren geliebten Marken aufrechtzuerhalten (Fournier, 1998, S. 366) und können dies bspw. durch weiteren Konsum ebendieser Marke erreichen.

Auch die Ablehnung der *Hypothesen* $H_8$ und $H_{11}$ stiftet für die Marketingpraxis neue Erkenntnisse. Obwohl alle unabhängigen Variablen des Untersuchungsmodells für sich genommen einen signifikanten, direkten Effekt auf die Zielgröße WOM-Intention haben, konnte weder der postulierte Interaktionseffekt zwischen Marke und Preis, noch der zwischen Produktinnovation und Marke eine Bestätigung finden. Für die Praxis kann dies bedeuten, dass es für die Steigerung der Mundpropaganda nicht notwendig ist gleichzeitig den Preis zu senken und eine innovative Komponente zu entwickeln. Vielmehr lohnen sich gezielte Maßnahmen, die sich auf einen der Faktoren beschränken.

Wie die Ergebnisse der Studie zeigen, kann eine bekannte Marke die Preisfairness eines teuren Produktes erhöhen. Dieses Ergebnis lässt nun zwei Schlüsse zu. Erstens liefert es einen erneuten, empirischen Beweis dafür, dass Markenbildung tatsächlich einen höheren Preis rechtfertigt und sich somit ein Preispremium bei den Konsumenten abschöpfen lässt. Vor diesem Hintergrund sind Investitionen in den Markenwert durchaus rentabel. Im Umkehrschluss bedeutet dies allerdings zweitens, dass unbekannte Marken nicht diese Möglichkeit haben. Sie müssen stattdessen noch vorsichtiger mit ihrer Preissetzung sein. Diese Überlegungen zugrunde gelegt, könnte bei der Produkteinführung einer unbekannten Marke die Penetration-Strategie mit einer höheren Wahrscheinlichkeit zum Erfolg führen. In diesem Fall wird der Preis kurzfristig unter dem Optimalpreis angesetzt, um möglichst schnell ausreichend Marktanteile zu gewinnen. In späteren Phasen kann der Preis dann angehoben werden. Diese Strategie kommt, aufgrund eines hohen Kapitalbedarfs sowie einigen damit verbundenen Risiken, jedoch nur für Unternehmen mit einer ausreichend großen Ressourcenbasis in Frage (Schaper, 2017, S. 44 f.).

## 4.10 Limitationen der Studie

Die Limitationen der Studie ergeben sich zum einen aus der Zusammensetzung der Stichprobe. Bei der deskriptiven Auswertung der Studie fiel bereits auf, dass das durchschnittliche Alter der Probanden mit 31,66 Jahren deutlich unter dem Altersdurchschnitt der deutschen Bevölkerung liegt. Auch wenn die große Mehrheit der Befragten aus Erwerbstätigen besteht, ist der Anteil der Studierenden mit 40,5% ebenfalls recht hoch. Obwohl die Stichprobe eine große Erklärungsgüte aufweist, kann sie nicht als gänzlich repräsentativ im Hinblick auf die deutsche Bevölkerung gelten. Weiterhin zeigte die deskriptive Analyse, dass die Innovatoren iPhones präferieren (62,0% der Gruppe), während Android das bevorzugte Betriebssystem der Nicht-Innovatoren ist (59,0% der Gruppe). *Hypothese* $H_6$ postulierte, dass der Effekt einer

Marke auf die Brand Love geringer ist, wenn die Consumer Innovativeness stärker ausgeprägt ist. Doch das Resultat der Auswertung ergab das genaue Gegenteil: Bei den Innovatoren war die Brand Love im Fall einer bekannten Marke deutlich größer als bei den Nicht-Innovatoren. Da Apple im Studiendesign als bekannte Marke diente und dessen Smartphone die präferierte Wahl der Innovatoren darstellte, könnte dieses Ergebnis u. a. dadurch verursacht worden sein. Aus diesem Grund sollte in weiteren Studien mit Hilfe von unterschiedlichen bekannten Marken untersucht werden, ob der angenommene Zusammenhang tatsächlich falsch ist oder ob die Stichprobe Grund für die Ablehnung der Hypothese war.

Neben den Einschränkungen, die sich aus der Stichprobe ergeben, unterliegt die Studie auch einigen konzeptionellen Limitationen. Wie in *Kapitel 4.2.1* beschrieben, wurden die unterschiedlichen Faktoren mit Hilfe von verschiedenen Szenarien manipuliert. Jeder Proband wurde zufällig einem der acht möglichen Szenarien zugeordnet und sah, neben einer grafischen Darstellung des Produktes, eine Auflistung der Ausprägungen hinsichtlich der Marke, der innovativen Komponente sowie des Preises. Auch wenn solche Experimente bewusst auf die zu untersuchenden Einflussgrößen begrenzt werden, bedeutet dies natürlich auch eine Einschränkung der Generalisierbarkeit der Ergebnisse. Häufig spielen in der Realität neben diesen Faktoren, noch weitere externe Einflussgrößen (wie z. B. Konkurrenzprodukte, Ort oder Werbung) eine Rolle. Diese wurden jedoch in der Studie nicht berücksichtigt. Auch die Bilder der Smartphones stellen eine Limitation dar. Sie wurden verwendet, um die Situation der Befragung realistischer zu gestalten. Doch die daraus resultierenden visuellen Reize können ebenfalls einen Einfluss auf die Ergebnisse der Untersuchung haben. Da Produkte heutzutage i. d. R. immer mehr den funktionellen Ansprüchen der Konsumenten genügen, gewinnt die visuelle Ästhetik an Bedeutung (Bloch et al., 2003, S. 551). Die Produktästhetik hat eine symbolische Funktion, sie beeinflusst, wie ein Produkt verstanden und bewertet wird, und spielt bei ganz unterschiedlichen Produktklassen eine Rolle (Bloch et al., 2003, S. 551; Yamamoto & Lambert, 1994, S. 309). Wie stark dieser Einfluss ist, hängt jedoch letztendlich vom jeweiligen Individuum ab (Bloch et al., 2003, S. 561). In der vorliegenden Studie wurde die Produktästhetik jedoch nicht mit in die Untersuchung einbezogen. Auch wenn die Aufmachung der Produkte sehr ähnlich ist, sollte dieser Umstand nicht gänzlich vernachlässigt werden.

Weiterhin wurde der Einfluss der Consumer Innovativeness nur anhand einer Produktklasse untersucht. Damit allgemeine Aussagen über die Zusammenhänge dieses Untersuchungsmodells möglich sind, bedarf es weiterer Studien mit anderen Produkten.

Die Wahl der WOM-Intention als Operationalisierung der Mundpropaganda stellt ebenfalls eine Limitation dar. In *Kapitel 4.4* wurde hinlänglich beschrieben, weshalb die Forschergruppe dieses Konstrukt dennoch als geeignet einstufte. Dennoch sollte an dieser Stelle zumindest angemerkt sein, dass sich die Ergebnisse einer Studie unterscheiden, je nachdem ob die WOM-Intention oder tatsächliches WOM als Verhalten gemessen werden (de Matos & Rossi, 2008, S. 584). Die gemessenen Effekte sind in Bezug auf die WOM-Intention häufig stärker als die der ausgeübten Mundpropaganda.

# 5. Schlussbetrachtung und Ausblick

Ziel dieser Studie war es, mit der wahrgenommenen Preisfairness, der Brand Love sowie der WOM-Intention drei relevante Konstrukte des Marketings weiter zu beleuchten. Jede dieser Zielgrößen hat für sich genommen eine große Bedeutung für den Erfolg eines Unternehmens. So beeinflusst die Preisfairness bspw., inwiefern ein Konsument weiterhin mit einem Unternehmen interagieren möchte und mit welcher Wertung er von diesem spricht. Die Brand Love ist eine Größe, die große Auswirkungen auf Erfolgsfaktoren wie die Preisbereitschaft, Kaufabsicht und Loyalität der Kunden haben kann. Und die Mundpropaganda kann wiederum beeinflussen, welche Einstellungen sich auf der Konsumentenseite gegenüber einer Marke oder einem Produkt ausbilden und wie sie sich in konkreten Kaufsituationen entscheiden.

Bei einer Literaturrecherche zu diesen sehr unterschiedlichen Themengebieten wurde schnell deutlich, dass insbesondere in Bezug auf Produkt- und Konsumenteneigenschaften als mögliche Erklärungsgrößen für die drei abhängigen Variablen weiterer Forschungsbedarf besteht. Als relevante Erklärungsgrößen haben die Autoren die unabhängigen Variablen Preis, Marke und Produktinnovation sowie den Moderator Consumer Innovativeness identifiziert. Danach wurde auf Basis von verschiedenen Theorien und Forschungsergebnissen ein Hypothesenmodell zur Untersuchung relevanter Wirkungszusammenhänge entwickelt.

Aufgrund ihrer großen Gegenwartsbezogenheit und Relevanz für den Unterhaltungselektronikmarkt, stellten Smartphones einen geeigneten Untersuchungsgegenstand dar. Die aus einer Online-Befragung und mittels Varianzanalyse gewonnenen, empirischen Ergebnisse dienten der Überprüfung dieser Zusammenhänge. Dabei konnte keiner der aufgestellten, direkten Effekte, die als Grundlage für die Untersuchung der verschiedenen Moderations- und Interaktionseffekte fungieren sollten, abgelehnt werden. So resultiert also ein hoher Preis in einer geringeren Preisfairness, eine bekannte Marke bringt sowohl eine höhere Brand Love als auch eine größere WOM-Intention mit sich. Auch führt das Vorhandensein einer innovativen Produktkomponente zu einer größeren WOM-Intention. Von den postulierten Moderationseffekten konnte hingegen nur einer angenommen werden. Innovatoren nehmen demzufolge im Vergleich zu Nicht-Innovatoren einen hohen Preis als fairer wahr. Die Ablehnung des zweiten Moderationseffektes geht allerdings mit einer neuen Erkenntnis einher. Konträr zu den getroffenen Annahmen führte die Ausprägung „bekannte Marke“ bei Konsumenten mit einer hohen Consumer Innovativeness zu einer deutlich größeren Brand Love als bei Konsumenten mit einer geringeren Consumer Innovativeness. Die Hypothese, dass die aus einer Produktinnovation resultierende WOM-Intention bei innovativen Konsumenten noch größer sei, konnte nicht bestätigt werden.

Nach der Überprüfung der Interaktionseffekte lässt sich ein klares Muster erkennen. Während die beiden Hypothesen bzgl. interagierender Effekte auf die WOM-Intention Ablehnung fanden, konnten die beiden Hypothesen zur Preisfairness nicht verworfen werden. Obwohl also alle Faktoren für sich genommen einen signifikanten Effekt auf die WOM-Intention haben, konnte kein postulierter Interaktionseffekt identifiziert werden – weder zwischen Marke und Preis, noch zwischen Produktinnovation und Marke. Die beiden Hypothesen, dass sowohl eine bekannte Marke als auch eine Produktinnovation die Preisfairness eines hohen Preises steigern können mussten nicht verworfen werden.

Die Ergebnisse der vorliegenden Studie bringen einige wichtige Handlungsempfehlungen für die Praxis mit sich. Es ist sicherlich kein überraschendes Resultat, dass ein hoher Preis zu einer geringeren Preisfairness führt als ein niedriger Preis. Berücksichtigt man hierbei jedoch die Ergebnisse der Interaktionseffekte, welche zeigen, dass sowohl eine bekannte Marke, als auch eine Produktinnovation die wahrgenommene Preisfairness eines hohen Preises steigern können, so lässt sich daraus schließen, dass hohe Preise sehr wohl durchsetzbar sind. Sie müssen nur in irgendeiner Form gerechtfertigt werden. Diese Studie zeigt zwei Möglichkeiten für eine Rechtfertigung höherer Preise auf: Investitionen in die Marke oder die Entwicklung innovativer, ansprechender Produkte. Die Vermutung, dass sich Investitionen in die Marke bzw. die Markenbekanntheit auszahlen, konnte durch weitere Ergebnisse bekräftigt werden. Eine bekannte Marke hat demnach eine größere Brand Love und eine höhere WOM-Intention der Konsumenten zur Folge. Auch das Vorhandensein einer Produktinnovation führt zu einem größeren Drang, Mundpropaganda für das Produkt zu machen. Insbesondere junge, innovative Unternehmen können diesen Effekt für sich nutzen, um ihren Bekanntheitsgrad mit moderaten Werbemaßnahmen zu steigern.

Weiterhin konnte empirisch bewiesen werden, dass Innovatoren weniger preissensibel sind – sie nehmen einen höheren Preis als deutlich fairer wahr als Nicht-Innovatoren. Diese höhere Preisbereitschaft der innovativen Konsumenten können Unternehmen bspw. mit Hilfe einer Skimming-Strategie bei neuen Produkten gezielt abschöpfen. Dass Innovatoren, gegensätzlich zu dem angenommenen Wirkungszusammenhang, doch markenaffin sein können, lässt erkennen, dass auch bei diesem Kundensegment Investitionen in die Marke vielversprechend sind. Aus den Ablehnungen der Interaktionseffekte (Preis und Marke bzw. Preis und Produktinnovation) und unter Berücksichtigung der Signifikanz aller direkten Effekte dieser drei Faktoren auf die Zielgröße WOM-Intention lässt sich ableiten, dass die Mundpropaganda zwar durchaus von Unternehmen beeinflusst werden kann, dies jedoch v. a. mit gezielten Maßnahmen geschehen sollte, da sich keine geeignete Kombination aus den drei vorliegenden Faktoren erkennen lässt. Aufgrund der Ergebnisse und Implikationen eignet sich diese Studie als Ausgangspunkt für weitere Forschung. So kann bspw. ihre Übertragbarkeit durch erneute Untersuchungen mit anderen Marken und Produktklassen geprüft werden. Ebenso sind Erweiterungen des Modells durch Einbeziehung weiterer Faktoren denkbar.

Zusammenfassend konnte diese Studie aufzeigen, dass die Consumer Innovativeness durchaus signifikante Einflüsse auf die Beziehungen zwischen Faktoren und Zielgrößen hat. Weiterhin wurden mit dem Preis, der Marke und der Produktinnovation relevante Faktoren für die Preisfairness, die Entstehung von Brand Love und WOM untersucht und beleuchtet, sodass ein besseres Verständnis dieser Konstrukte gewonnen werden konnte. Diese Studie konnte außerdem einige Antworten auf die eingangs gestellten Fragen enthüllen. Sowohl Charakterzüge der Konsumenten wie die Consumer Innovativeness, als auch Produkteigenschaften wie die Marke oder ihr Innovationsgrad können dazu führen, dass Konsumenten hohe Preise für Smartphones zu zahlen bereit sind und eine anhaltende Beziehung zu der Marke aufbauen.

# Literaturverzeichnis

Aaker, David A. (2009). Beyond functional benefits. *marketingnews*, 23.

Aaker, David A. (1996). Measuring brand equity across products and markets. *California Management Review, 38(3)*, 102–120.

Aaker, David A. (1991). *Managing brand equity: Capitalizing on the value of a brand name.* New York, NY: Free Press.

Adams, John S. (1965). *Inequity in social exchange.* In L. Berkowitz (Ed.), *Advances in experimental social psychology* (2. Auflage, S. 267–299). New York: Academic press.

Aggarwal, Pankaj (2004). The effects of brand relationship norms on consumer attitudes and behavior. *Journal of Consumer Research, 31(1)*, 87–101.

Ahluwalia, Rohini; Burnkrant, Robert E., & Unnava, H. Rao (2000). Consumer response to negative publicity: The moderating role of commitment. *Journal of Marketing Research, 37(2)*, 203–214.

Ahuvia, Aaron C. (2005). Beyond the extended self: Loved objects and consumers' identity narratives. *Journal of Consumer Research, 32(1)*, 171–184.

Ahuvia, Aaron C. (1993). *I love it! Towards an unifying theory of love across divers love objects.* (Doctoral dissertation). Northwestern University.

Alba, Joseph W., & Hutchinson, J. Wesley (1987). Dimensions of consumer expertise. *Journal of Consumer Research, 13(4)*, 411–454.

Albert, Noël; Merunka, Dwight, & Valette-Florence, Pierre (2009). The feeling of love toward a brand: Concept and measurement. *Advances in Consumer Research, 36*, 300–307.

Albert, Noël; Merunka, Dwight, & Valette-Florence, Pierre (2008). When consumers love their brands: Exploring the concept and its dimensions. *Journal of Business Research, 61(10)*, 1062–1075.

Anderson, Eugene W., & Salisbury, Linda C. (2003). The formation of market-level expectations and its covariates. *Journal of Consumer Research, 30(1)*, 115–124.

Anderson, Eugene W. (1998). Customer satisfaction and word of mouth. *Journal of Service Research, 1(1)*, 5–17.

Anselmsson, Johan; Johansson, Ulf, & Persson, Niklas (2007). Understanding price premium for grocery products: A conceptual model of customer-based brand equity. *Journal of Product & Brand Management, 16(6)*, 401–414.

Apple Inc. (2018). iPhone 8. „https://www.apple.com/de/shop/buy-iphone/iphone-8“, Letzter Abruf: 15. Februar 2018.

Arndt, Johan (1967a). Role of product-related conversations in the diffusion of a new product. *Journal of Marketing Research, 4(3)*, 291–295.

Arndt, Johan (1967b). *Word of Mouth Advertising and Informal Communication.* In D. F. Cox (Ed.), *Risk Taking and Information Handling in Consumer Behavior* (S. 188–239). Boston: Harvard University Press.

Aroean, Lukman, & Michaelidou, Nina (2014). Are innovative consumers emotional and prestigiously sensitive to price? *Journal of Marketing Management, 30(3–4)*, 245–267.

Aron, Eelaine N., & Aron, Arthur (1996). Love and expansion of the self: The state of the model. *Personal Relationships, 3(1)*, 45–58.

Aron, Arthur, & Aron, Elaine (1986). *Love and the expansion of self: Understanding attraction and satisfaction.* Washington: Hemisphere Pub. Corp.

Arts, Joep W. C.; Frambach, Ruud T., & Bijmolt, Tammo H. A. (2011). Generalizations on consumer innovation adoption: A meta-analysis on drivers of intention and behavior. *International Journal of Research in Marketing, 28(2)*, 134–144.

Attri, Rekha; Maheshwari, Shreta, & Sharma, Vijit (2017). Customer purchase behavior for smartphone brands. *The IUP Journal of Brand Management, 14(2)*, 23–37.

Backhaus, Klaus; Erichson, Bernd; Plinke, Wulff, & Weiber, Rolf (2016). *Multivariate Analysemethoden: eine anwendungsorientierte Einführung* (14., überarbeitete und aktualisierte Auflage). Berlin Heidelberg: Springer Gabler.

Bagozzi, Richard P.; Batra, Rajeev, & Ahuvia, Aaron (2017). Brand love: Development and validation of a practical scale. *Marketing Letters, 28(1)*, 1–14.

Baker, Andrew M.; Donthu, Naveen, & Kumar, V. (2016). Investigating how word-of-mouth conversations about brands influence purchase and retransmission intentions. *Journal of Marketing Research, 53(2)*, 225–239.

Batra, Rajeev; Ahuvia, Aaron, & Bagozzi, Richard P. (2012). Brand love. *Journal of Marketing, 76(2)*, 1–16.

Baumgarten, Steven A. (1975). The innovative communicator in the diffusion process. *Journal of Marketing Research, 12(1)*, 12–18.

Baur, Nina (2012). *Mittelwertvergleiche und Varianzanalyse.* In S. Fromm (Ed.), *Datenanalyse mit SPSS für Fortgeschrittene 2: Multivariate Verfahren für Querschnittsdaten* (S. 12–52). Wiesbaden: VS Verlag für Sozialwissenschaften.

Belk, Russell W. (1988). Possessions and the extended self. *Journal of Consumer Research, 15(2)*, 139–168.

Berger, Jonah, & Schwartz, Eric M. (2011). What drives immediate and ongoing word of mouth? *Journal of Marketing Research, 48(5)*, 869–880.

Berger, Jonah, & Heath, Chip (2007). Where consumers diverge from others: Identity signaling and product domains. *Journal of Consumer Research, 34(2)*, 121–134.

Bergkvist, Lars, & Bech-Larsen, Tino (2010). Two studies of consequences and actionable antecedents of brand love. *Journal of Brand Management, 17(7)*, 504–518.

Biswas, Abhijit, & Blair, Edward A. (1991). Contextual effects of reference prices in retail advertisements. *Journal of Marketing, 55(3)*, 1–12.

Blau, Peter M. (1964). *Exchange and Power in Social Life*. New York: Wiley.

Bloch, Peter H.; Brunel, Frédéric F., & Arnold, Todd J. (2003). Individual differences in the centrality of visual product aesthetics: Concept and measurement. *Journal of Consumer Research, 29(4)*, 551–565.

Bloch, Peter H. (1981). An exploration into the scaling of consumer's involvement with a product class. *Advances in Consumer Research, 8(1)*, 61–65.

Bolton, Lisa E.; Keh, Hean T., & Alba, Joseph W. (2010). How do price fairness perceptions differ across culture? *Journal of Marketing Research, 47(3)*, 564–576.

Bolton, Lisa E., & Alba, Joseph W. (2006). Price fairness: Good and service differences and the role of vendor costs. *Journal of Consumer Research, 33(2)*, 258–265.

Bolton, Lisa E.; Warlop, Luk, & Alba, Joseph W. (2003). Consumer perceptions of price (un)fairness. *Journal of Consumer Research, 29(4)*, 474–491.

Bone, Paula F. (1995). Word-of-mouth effects on short-term and long-term product judgments. *Journal of Business Research, 32(3)*, 213–223.

Breidert, Christoph; Hahsler, Michael, & Reutterer, Thomas (2006). A review of methods for measuring willingsness-to-pay. *Innovative Marketing, 2(4)*, 8–32.

Brosius, Hans-Bernd; Koschel, Friederike, & Haas, Alexander (2008). *Methoden der empirischen Kommunikationsforschung: eine Einführung* (4., überarb. und erw. Auflage). Wiesbaden: VS, Verl. für Sozialwiss.

Bruhn, Manfred (2016). *Marketing*. Wiesbaden: Springer Fachmedien Wiesbaden.

Buttle, Francis A. (1998). Word of mouth: Understanding and managing referral marketing. *Journal of Strategic Marketing, 6(3)*, 241–254.

Campbell, Margaret C. (2007). “Says who?!” How the source of price information and affect influence perceived price (un)fairness. *Journal of Marketing Research, 44(2)*, 261–271.

Campbell, Margaret C. (1999). Perceptions of price unfairness: Antecedents and consequences. *Journal of Marketing Research, 36(2)*, 187–199.

Carroll, Barbara A., & Ahuvia, Aaron C. (2006). Some antecedents and outcomes of brand love. *Marketing Letters, 17(2)*, 79–89.

Carrell, Michael R., & Dittrich, John E. (1978). Equity theory: The recent literature, methodological considerations, and new directions. *Academy of Management Review, 3(2)*, 202–210.

Cecere, Grazia; Corrocher, Nicoletta, & Battaglia, Riccardo D. (2015). Innovation and competition in the smartphone industry: Is there a dominant design? *Telecommunications Policy, 39(3–4)*, 162–175.

Celsi, Richard L., & Olson, Jerry C. (1988). The role of involvement in attention and comprehension processes. *Journal of Consumer Research, 15(2)*, 210–224.

Chaudhuri, Arjun, & Holbrook, Morris B. (2001). The chain of effects from brand trust and brand affect to brand performance: The role of brand loyalty. *Journal of Marketing, 65(2)*, 81–93.

Cheema, Amar, & Kaikati, Andrew M. (2010). The effect of need for uniqueness on word of mouth. *Journal of Marketing Research, 47(3)*, 553–563.

Chen, Chun-Mei, & Ann, Bao-Yi (2016). Efficiencies vs. importance-performance analysis for the leading smartphone brands of Apple, Samsung and HTC. *Total Quality Management & Business Excellence, 27(3–4)*, 227–249.

Chernev, Alexander, & Hamilton, Ryan (2011). Competing for consumer identity: Limits to self- expression and the perils of lifestyle branding. *Journal of Marketing, 75*, 66–82.

Chevalier, Judith A., & Mayzlin, Dina (2006). The effect of word of mouth on sales: Online book reviews. *Journal of Marketing Research, 43(3)*, 345–354.

Clark, Ronald A., & Goldsmith, Ronald E. (2006). Interpersonal influence and consumer innovativeness. *International Journal of Consumer Studies, 30(1)*, 34–43.

Cohen, Jacob (1988). *Statistical power analysis for the behavioral sciences* (2. Auflage). Hillsdale, N.J: L. Erlbaum Associates.

Cox, Jennifer L. (2001). Can differential prices be fair? *Journal of Product & Brand Management, 10(5)*, 264–275.

Csikszentmihalyi, Mihaly, & Rochberg-Halton, Eugene (1981). *The meaning of things: Domestic symbols and the self.* Cambridge: Cambridge University Press.

De Matos, Celso A., & Rossi, Carlos A. V. (2008). Word-of-mouth communications in marketing: A meta-analytic review of the antecedents and moderators. *Journal of the Academy of Marketing Science, 36(4)*, 578–596.

Derbaix, Christian, & Vanhamme, Joëlle (2003). Inducing word-of-mouth by eliciting surprise – A pilot investigation. *Journal of Economic Psychology, 24(1)*, 99–116.

Dhar, Ravi, & Wertenbroch, Klaus (2000). Consumer choice between Hedonic and utilitarian goods. *Journal of Marketing Research, 37(1)*, 60–71.

Dichter, Ernest (1966). How word-of-mouth advertising works. *Harvard Business Review, 44(6)*, 147–166.

Dick, Alan S., & Basu, Kunal (1994). Customer loyalty: Toward an integrated conceptual framework. *Journal of the Academy of Marketing Science, 22(2)*, 99–113.

Diller, Hermann (2008). *Preispolitik* (4., vollst. neu bearb. und erw. Auflage). Stuttgart: Kohlhammer.

East, Robert; Hammond, Kathy, & Lomax, Wendy (2008). Measuring the impact of positive and negative word of mouth on brand purchase probability. *International Journal of Research in Marketing, 25(3)*, 215–224.

Eisingerich, Andreas B.; Chun, HaeEun H.; Liu, Yeyi; Jia, He M. & Bell, Simon J. (2015). Why recommend a brand face-to-face but not on Facebook? How word-of-mouth on online social sites differs from traditional word-of-mouth. *Journal of Consumer Psychology, 25(1)*, 120–128.

Engel, James F.; Kegerreis, Robert J., & Blackwell, Roger D. (1969). Word-of-mouth communication by the innovator. *Journal of Marketing, 33(3)*, 15–19.

Escalas, Jennifer E., & Bettman, James R. (2005). Self-construal, reference groups, and brand meaning. *Journal of Consumer Research, 32(3)*, 378–389.

Eschweiler, Maurice; Evanschitzky, Heiner, & Woisetschläger, David (2009). *Laborexperimente in der Marketing- und Managementforschung*. In Carsten Baumgarth (Ed.), *Empirische Mastertechniken: Eine anwendungsorientierte Einführung für die Marketing- und Managementforschung* (1. Auflage, S. 363–388). Wiesbaden: Gabler.

Eschweiler, Maurice; Evanschitzky, Heiner, & Woisetschläger, David (2007a). Ein Leitfaden zur Anwendung varianzanalytisch ausgerichteter Laborexperimente. *WiSt - Wirtschaftswissenschaftliches Studium, 36(12)*, 546–554.

Eschweiler, Maurice; Evanschitzky, Heiner, & Woisetschläger, David (2007b). *Laborexperimente in der Marketingwissenschaft – Bestandsaufnahme und Leitfaden bei varianz- analytischen Auswertungen*. Münster: IAS.

Estelami, Hooman, & Maxwell, Sarah (2003). Introduction to special issue. *Journal of Business Research, 56(5)*, 353–354.

Fahrmeir, Ludwig; Kneib, Thomas, & Lang, Stefan (2009). *Regression*. Berlin, Heidelberg: Springer Berlin Heidelberg.

Fassnacht, Martin, & Mahadevan, Jochen (2010). Grundlagen der Preisfairness – Bestandsaufnahme und Ansätze für zukünftige Forschung. *Journal für Betriebswirtschaft, 60(4)*, 295–326.

Fehr, Beverley, & Russell, James A. (1991). The concept of love viewed from a prototype perspective. *Journal of Personality and Social Psychology, 60(3)*, 425–438.

Feick, Lawrence F., & Price, Linda L. (1987). The market maven: A diffuser of marketplace information. *Journal of Marketing, 51(1)*, 83–97.

Ferguson, Jodie L.; Ellen, Pam S., & Bearden, William O. (2014). Procedural and distributive fairness: Determinants of overall price fairness. *Journal of Business Ethics, 121(2)*, 217–231.

Festinger, Leon (1957). *A Theory of Cognitive Dissonance*. Stanford: Stanford Univ. Press.

Fetscherin, Marc (2014). What type of relationship do we have with loved brands? *Journal of Consumer Marketing, 31(6–7)*, 430–440.

File, Karen M.; Judd, Ben B., & Prince, Russ A. (1992). Interactive marketing: The influence of participation on positive word-of-mouth and referrals. *Journal of Services Marketing, 6(4)*, 5–14.

Fiske, Susan T. (1980). Attention and weight in person perception: The impact of negative and extreme behavior. *Journal of Personality and Social Psychology, 38(6)*, 889–906.

Flynn, Leisa R.; Goldsmith, Ronald E., & Eastman, Jacqueline K. (1996). Opinion leaders and opinion seekers: Two new measurement scales. *Journal of the Academy of Marketing Science, 24(2)*, 137–147.

Fournier, Susan (1998). Consumers and their brands: Developing relationship theory in consumer research. *Journal of Consumer Research, 24(4)*, 343–373.

Ganesan, P., & Sridhar, M. (2014). Smart phone attribute choice and brand importance for millenial customers. *The Journal Contemporary Management Research, 8(2)*, 71–89.

Gardner, Burleigh B., & Levy, Sidney J. (1955). The product and the brand. *Harvard Business Review, 33(2)*, 33–39.

Gatignon, Hubert, & Robertson, Thomas S. (1986). An exchange theory model of interpersonal communication. *Advances in Consumer Research, 13(1)*, 534–538.

Gatignon, Hubert, & Robertson, Thomas S. (1985). A propositional inventory for new diffusion research. *Journal of Consumer Research, 11(4)*, 849–867.

GfK; gfu; BVT. (2017). Durchschnittspreis der verkauften Smartphones auf dem Konsumentenmarkt in Deutschland von 2008 bis zum 1. Halbjahr 2017 (in Euro). https://de.statista.com/statistik/daten/studie/28306/umfrage/durchschnittspreise-fuer-smartphones-seit-2008/, Letzter Abruf: 29. September 2017.

Glaser, Wilhelm R. (1978). *Varianzanalyse*. Stuttgart ; New York: Fischer.

Godes, David, & Mayzlin, Dina (2009). Firm-created word-of-mouth communication: Evidence from a field test. *Marketing Science, 28(4)*, 721–739.

Goldsmith, Ronald E., & Foxall, Gordon R. (2003). *The Measurement of Innovativeness*. In L. V. Shavinina (Ed.), *The International Handbook on Innovation* (S. 321–330). Kidlington, Oxford, UK: Elsevier.

Goldsmith, Ronald E.; Freiden, Jon B., & Eastman, Jacqueline K. (1995). The generality/specificity issue in consumer innovativeness research. *Technovation, 15(10)*, 601–612.

Goldsmith, Ronald E., & Hofacker, Charles F. (1991). Measuring consumer innovativeness. *Journal of the Academy of Marketing Science, 19(3)*, 209–221.

Gremler, Dwayne D.; Gwinner, Kevin P., & Brown, Stephen W. (2001). Generating positive word-of-mouth communication through customer-employee relationships. *International Journal of Service Industry Management, 12(1)*, 44–59.

Gremler, Dwayne D. (1994). *Word-of-mouth about service providers: An illustration of theory development in marketing*. In C. W. Park & D. C. Smith (Ed.), *AMA Winter Educator's Conference: Marketing Theory and Applications* (S. 62–70). Chicago: American Marketing Association.

Grewal, Rajdeep; Mehta, Raj, & Kardes, Frank R. (2000). The role of the social-identity function of attitudes in consumer innovativeness and opinion leadership. *Journal of Economic Psychology, 21(3)*, 233–252.

Harrison-Walker, L. Jean (2001). The measurement of word-of-mouth communication and an investigation of service quality and customer commitment as potential antecedents. *Journal of Service Research, 4(1)*, 60–75.

Hartline, Michael D., & Jones, Keith C. (1996). Employee performance cues in a hotel service environment: Influence on perceived service quality, value, and word-of-mouth intentions. *Journal of Business Research, 35(3)*, 207–215.

Hazan, Cindy, & Shaver, Phillip R. (1994). Attachment as an organizational framework for research on close relationships. *Psychological Inquiry, 5(1)*, 1–22.

Heath, Chip; Bell, Chris, & Sternberg, Emily (2001). Emotional selection in memes: The case of urban legends. *Journal of Personality and Social Psychology, 81(6)*, 1028–1041.

Herr, Paul M.; Kardes, Frank R., & Kim, John (1991). Effects of word-of-mouth and product-attribute information on persuasion: An accessibility-diagnosticity perspective. *Journal of Consumer Research, 17(4)*, 454–462.

Heußler, Tobias; Huber, Frank; Meyer, Frederick; Vollhardt, Kai, & Ahlert, Dieter (2009). Moderating effects of emotion on the perceived fairness of price increases. *Advances in Consumer Research, 36*, 332–338.

Hirschman, Elizabeth C. (1980). Innovativeness, novelty seeking, and consumer creativity. *Journal of Consumer Research, 7(3)*, 283–295.

Hollebeek, Linda D., & Chen, Tom (2014). Exploring positively- versus negatively-valenced brand engagement: A conceptual model. *Journal of Product & Brand Management, 23(1)*, 62–74.

Holt, Douglas B. (1997). Poststructuralist lifestyle analysis: Conceptualizing the social patterning of consumption in postmodernity. *Journal of Consumer Research, 23(4)*, 326–350.

Holtmann, Dieter (2010). *Grundlegende multivariate Modelle der sozialwissenschaftlichen Datenanalyse* (3., veränd. Auflage). Potsdam: Univ.-Verl. Potsdam.

Holton, Richard H. (1958). The distinction between convenience goods, shopping goods, and specialty goods. *Journal of Marketing, 23(1)*, 53–56.

Homans, George C. (1961). *Social Behavior: Its Elementary Forms.* (1. Auflage). New York: Harcourt, Brace and World.

Homans, George C. (1958). Social behavior as exchange. *American Journal of Sociology, 63(6)*, 597–606.

Homburg, Christian; Schwemmle, Martin, & Kuehnl, Christina (2015). New product design: Concept, measurement, and consequences. *Journal of Marketing, 79(3)*, 41–56.

Homburg, Christian, & Koschate, Nicole (2005). *Behavioral Pricing-Forschung im Überblick – Erkenntnisstand und zukünftige Forschungsrichtungen.* Mannheim: Institut für Marktorientierte Unternehmensführung.

Huber, Frank; Meyer, Frederik, & Lenzen, Johann M. (2014). *Grundlagen der Varianzanalyse: Konzeption - Durchführung - Auswertung*. Wiesbaden: Springer Gabler.

Huber, Frank; Meyer, Frederick; Vollhardt, Kai, & Heußler, Tobias (2007). Aber bitte mit Gefühl — Der Einfluss von Emotionen auf die Preisfairness. *Thexis*, *24(4)*, 29–33.

Huppertz, John W.; Arenson, Sidney J., & Evans, Richard H. (1978). An application of equity theory to buyer-seller exchange situations. *Journal of Marketing Research*, *15(2)*, 250–260.

IDC. (2017). Prognose zum Absatz von Smartphones weltweit von 2010 bis 2021 (in Millionen Stück). In Statista - Das Statistik-Portal. https://de.statista.com/statistik/daten/studie/12865/umfrage/prognose-zum-absatz-von-smartphones-weltweit/, Letzter Abruf: 8. Januar 2018.

Im, Subin; Mason, Charlotte H., & Houston, Mark B. (2007). Does innate consumer innovativeness relate to new product/service adoption behavior? The intervening role of social learning via vicarious innovativeness. *Journal of the Academy of Marketing Science*, *35(1)*, 63–75.

Im, Subin; Bayus, Barry L., & Mason, Charlotte H. (2003). An empirical study of innate consumer innovativeness, personal characteristics, and new-product adoption behavior. *Journal of the Academy of Marketing Science*, *31(1)*, 61–73.

Jacoby, Jacob, & Chestnut, Robert W. (1978). *Brand Loyalty: Measurement & Management*. New York: John Wiley & Sons.

Jacoby, Jacob (1976). *Consumer and industrial psychology: Prospects for theory corroboration and mutual contribution*. In M. D. Dunnette (Ed..), *Handbook of Industrial and Organizational Psychology* (S. 1031–1061). Chicago: Rand-McNally.

Janiszewski, Chris, & Lichtenstein, Donald R. (1999). A range theory account of price perception. *Journal of Consumer Research*, *25(4)*, 353–368.

Jindal, Rupinder P.; Sarangee, Kumar R.; Echambadi, Raj, & Lee, Sangwon (2016). Designed to succeed: Dimensions of product design and their impact on market share. *Journal of Marketing*, *80(4)*, 72–89.

Kahneman, Daniel; Knetsch, Jack L., & Thaler, Richard (1986a). Fairness and the assumptions of economics. *The Journal of Business*, *59(4)*, 285–300.

Kahneman, Daniel; Knetsch, Jack L., & Thaler, Richard (1986b). Fairness as a constraint on profit seeking: Entitlements in the market. *The American Economic Review*, *76(4)*, 728–741.

Kalapurakal, Rosemary; Dickson, Peter R., & Urbany, Joel E. (1991). Perceived price fairness and dual entitlement. *Advances in Consumer Research, 18*, 788–793.

Kalyanaram, Gurumurthy, & Winer, Russel S. (1995). Empirical generalizations from reference price research. *Marketing Science, 14(3)*, 161–169.

Kamen, Joseph M., & Toman, Robert J. (1970). Psychophysics of prices. *Journal of Marketing Research, 7(1)*, 27–35.

Karjaluoto, Heikki; Munnukka, Juha, & Kiuru, Katrine (2016). Brand love and positive word of mouth: The moderating effects of experience and price. *Journal of Product & Brand Management, 25(6)*, 527–537.

Kaufmann, Patrick J.; Ortmeyer, Gwen, & Smith, N. Craig (1991). Fairness in consumer pricing. *Journal of Consumer Policy, 14(2)*, 117–140.

Keaveney, Susan M. (1995). Customer switching behavior in service Industries: An exploratory study. *Journal of Marketing, 59(2)*, 71–82.

Keil, Mark; Beranek, Peggy M., & Konsynski, Benn R. (1995). Usefulness and ease of use: Field study evidence regarding task considerations. *Decision Support Systems, 13(1)*, 75–91.

Keller, Kevin L. (2008). *Strategic Brand Management: Building, Measuring, and Managing Brand Equity* (3. Auflage). Upper Saddle River, NJ: Pearson/Prentice Hall.

Keller, Kevin L. (1993). Conceptualizing, measuring, and managing customer-based brand equity. *Journal of Marketing, 57(1)*, 1-22.

Khan, Jashim (2011). Validation in marketing experiments revisited. *Journal of Business Research, 64(7)*, 687–692.

Kiel, Geoffrey C., & Layton, Roger A. (1981). Dimensions of consumer information seeking behavior. *Journal of Marketing Research, 18(2)*, 233–239.

Kloss, Dennis, & Kunter, Marcus (2016). The van Westendorp price-sensitivity meter as a direct measure of willingness-to-pay. *European Journal of Management, 16(2)*, 45–54.

Kohn, Wolfgang, & Öztürk, Riza (2017). *Statistik für Ökonomen*. Berlin, Heidelberg: Springer Berlin Heidelberg.

Koschate, Nicole (2002). *Kundenzufriedenheit und Preisverhalten: Theoretische und empirisch experimentelle Analysen* (1. Auflage). Wiesbaden: Dt. Univ.-Verl.

Kotler, Philip, & Bliemel, Friedhelm (2001). *Marketing-Management: Analyse, Planung und Verwirklichung* (10., überarb. und aktualisierte Auflage). Stuttgart: Schäffer-Poeschel.

Kudeshia, Chetna; Sikdar, Pallab, & Mittal, Arun (2016). Spreading love through fan page liking: A perspective on small scale entrepreneurs. *Computers in Human Behavior, 54*, 257–270.

Kukar-Kinney, Monika; Xia, Lan, & Monroe, Kent B. (2007). Consumers' perceptions of the fairness of price-matching refund policies. *Journal of Retailing, 83(3)*, 325–337.

Kumar, V.; Hurley, Marvin; Karande, Kiran, & Reinartz, Werner J. (1998). The impact of internal and external reference prices on brand choice: The moderating role of contextual variables. *Journal of Retailing, 74(3)*, 401–426.

Kuß, Alfred; Wildner, Raimund, & Kreis, Henning (2014). *Marktforschung: Grundlagen der Datenerhebung und Datenanalyse* (5., vollständig überarbeitete und erweiterte Auflage). Wiesbaden: Springer Gabler.

Leigh, James H., & Kinnear, Thomas C. (1980). On interaction classification. *Educational And Psychological Measurement, 40*, 841–843.

Leskovec, Jure; Adamic, Lada A., & Huberman, Bernardo A. (2007). The dynamics of viral marketing. *ACM Transactions on the Web, 1(1)*, 1–39.

Lichtenstein, Donald R.; Ridgway, Nancy M., & Netemeyer, Richard G. (1993). Price perceptions and consumer shopping behavior: A field study. *Journal of Marketing Research, 30(2)*, 234–245.

Lipovetsky, Stan; Magnan, Shon, & Zanetti-Polzi, Andrea (2011). Pricing models in marketing research. *Intelligent Information Management, 3(5)*, 167–174.

Lis, Bettina, & Korchmar, Simon (2013). *Digitales Empfehlungsmarketing: Konzeption, Theorien und Determinanten zur Glaubwürdigkeit des Electronic Word-of-Mouth (EWOM)*. Wiesbaden: Springer Gabler.

Magerhans, Alexander (2016). *Marktforschung: eine praxisorientierte Einführung*. Wiesbaden: Springer Gabler.

Martins, Marielza, & Monroe, Kent B. (1994). Perceived price fairness: A new look at an old construct. *Advances in Consumer Research, 21(1)*, 75–78.

Matzler, Kurt; Pichler, Elisabeth A., & Hemetsberger, Andrea (2007). *Who is spreading the word? The positive influence of extraversion on consumer passion and evangelism*. In Andrea L. Dixon & Karen A. Machleit (Ed.), *AMA Winter educator's Conference Proceedings Marketing Theory and Applications* (Bd. 18, S. 25–32). Chicago, IL: American Marketing Association.

Maxwell, Sarah (2008). Fair price: Research outside marketing. *Journal of Product & Brand Management, 17(7)*, 497–503.

Maxwell, Sarah (2002). Rule-based price fairness and its effect on willingness to purchase. *Journal of Economic Psychology, 23(2)*, 191–212.

Mazzarol, Tim; Sweeney, Jillian C., & Soutar, Geoffrey N. (2007). Conceptualizing word-of-mouth activity, triggers and conditions: an exploratory study. *European Journal of Marketing, 41(11–12)*, 1475–1494.

Meffert, Heribert; Burmann, Christoph, & Kirchgeorg, Manfred (2015). *Marketing: Grundlagen marktorientierter Unternehmensführung ; Konzepte - Instrumente - Praxisbeispiele* (12., überarbeitete und aktualisierte Auflage). Wiesbaden: Springer Gabler.

Meffert, Heribert; Burmann, Christoph, & Kirchgeorg, Manfred (2012). *Marketing: Grundlagen marktorientierter Unternehmensführung ; Konzepte - Instrumente - Praxisbeispiele* (11., überarb. und erw. Auflage). Wiesbaden: Gabler.

Midgley, David F., & Dowling, Grahame R. (1993). A longitudinal study of product form innovation: The interaction between predispositions and social messages. *Journal of Consumer Research, 19(4)*, 611–625.

Midgley, David F., & Dowling, Grahame R. (1978). Innovativeness: The concept and its measurement. *Journal of Consumer Research, 4*, 229–242.

Miller, Daniel (2005). *A Theory of Shopping* (Reprint). Cambridge: Polity Press.

Mittag, Hans-Joachim (2012). *Statistik*. Berlin, Heidelberg: Springer Berlin Heidelberg.

Mizerski, Richard W. (1982). An attribution explanation of the disproportionate influence of unfavorable information. *Journal of Consumer Research, 9(3)*, 301–310.

Moldovan, Sarit; Goldenberg, Jacob, & Chattopadhyay, Amitava (2011). The different roles of product originality and usefulness in generating word-of-mouth. *International Journal of Research in Marketing, 28(2)*, 109–119.

Monroe, Kent B., & Xia, Lan (2005). *Session summary, the many routes to price unfairness perceptions*. In Geeta Menon & Akshay R. Rao (Ed.), *Advances in Consumer Research Volume* (Bd. 32, S. 387–390). Duluth, MN: Association for Consumer Research.

Monroe, Kent B. (2003). *Pricing: Making Profitable Decisions* (3. Auflage). Boston: McGraw-Hill/Irwin.

Monroe, Kent B. (1973). Buyers' subjective perceptions of price. *Journal of Marketing Research, 10(1)*, 70–80.

Moorman, Christine; Zaltman, Gerald, & Deshpande, Rohit (1992). Relationships between providers and users of market research: The dynamics of trust within and between organizations. *Journal of Marketing Research, 29(3)*, 314–339.

Müller, Holger (2008). Empirische Untersuchung zur Messung der Preiswahrnehmung mittels Pricesensitivity-Meter. *FEMM Working Papers, 29*, 1–43.

Murray, Sandra L.; Holmes, John G., & Griffin, Dale W. (1996). The benefits of positive illusions: Idealization and the construction of satisfaction in close relationships. *Journal of Personality and Social Psychology, 70(1)*, 79–98.

Nieschlag, Robert; Dichtl, Erwin, & Hörschgen, Hans (2002). *Marketing.* (1. Auflage). Duncker & Humblot.

Nkwocha, Innocent; Bao, Yeqing; Brotspies, Herbert V., & Johnson, William C. (2005). Product fit and consumer attitude toward brand extensions: The moderating role of product involvement. *Journal of Marketing Theory and Practice, 13(3)*, 49–61.

Olbrich, Rainer; Battenfeld, Dirk, & Buhr, Carl-Christian (2012). *Marktforschung*. Berlin, Heidelberg: Springer Berlin Heidelberg.

Oliver, Richard L., & Swan, John E. (1989). Consumer perceptions of interpersonal equity and satisfaction in transactions: A field survey approach. *Journal of Marketing, 53(2)*, 21–35.

Park, Do-Hyung, & Kim, Sara (2008). The effects of consumer knowledge on message processing of electronic word-of-mouth via online consumer reviews. *Electronic Commerce Research and Applications, 7(4)*, 399–410.

Pawle, John, & Cooper, Peter (2006). Measuring emotion—Lovemarks, the future beyond brands. *Journal of Advertising Research, 46(1)*, 38–48.

Pedhazur, Elazar J., & Schmelkin, Liora P. (1991). *Measurement, design, and analysis: an integrated approach*. Hillsdale, N.J: Lawrence Erlbaum Associates.

Perdue, Barbara C., & Summers, John O. (1986). Checking the success of manipulations in marketing experiments. *Journal of Marketing Research, 23(4)*, 317.

Peterson, Robert A.; Albaum, Gerald, & Beltramini, Richard F. (1985). A Meta-Analysis of Effect Sizes in Consumer Behavior Experiments. *Journal of Consumer Research, 12(1)*, 97–103.

Pressman, Aaron (2017). The iPhone decade. *Fortune, 175(7)*, 23–25.

Raithel, Jürgen (2008). *Quantitative Forschung*. Wiesbaden: VS Verlag für Sozialwissenschaften.

Ranaweera, Chatura, & Prabhu, Jaideep (2003). On the relative importance of customer satisfaction and trust as determinants of customer retention and positive word of mouth. *Journal of Targeting, Measurement and Analysis for Marketing, 12(1)*, 82–90.

Reisinger, Don (2018). Apple iPhone Will Trail Samsung in Smartphones. „http://fortune.com/2018/02/13/apple-iphone-samsung-market-share/“, Letzter Abruf: 16. Februar 2018.

Richins, Marsha L. (1997). Measuring emotions in the consumption experience. *Journal of Consumer Research, 24(2)*, 127–146.

Richins, Marsha L. (1994). Valuing things: The public and private meanings of possessions. *Journal of Consumer Research, 21(3)*, 504–521.

Richins, Marsha L. (1984). Word-of-mouth communications as negative information. *Advances in Consumer Research, 11*, 697–702.

Richins, Marsha L. (1983). Negative word-of-mouth by dissatisfied consumers: A pilot study. *Journal of Marketing, 47(1)*, 68–78.

Rimé, Bernard; Philippot, Pierre; Boca, Stefano, & Mesquita, Batja (1992). Long-lasting cognitive and social consequences of emotion: Social sharing and rumination. *European Review of Social Psychology, 3(1)*, 225–258.

Rimé, Bernard; Mesquita, Batja; Boca, Stefano, & Philippot, Pierre (1991). Beyond the emotional event: Six studies on the social sharing of emotion. *Cognition & Emotion, 5(5–6)*, 435–465.

Roehrich, Gilles (2004). Consumer innovativeness. *Journal of Business Research, 57(6)*, 671–677.

Rogers, Everett M. (2003). *Diffusion of Innovations* (5. Auflage). New York: Free Press.

Rogers, Everett M. (1962). *Diffusion of innovations* (1. Auflage). New York: Free Press.

Rogers, Everett M., & Cartano, David G. (1962). Methods of measuring opinion leadership. *The Public Opinion Quarterly, 26(3)*, 435–441.

Rogers, Everett M. (1958). Categorizing the adopters of agricultural practices. *Rural Sociology, 23(4)*, 346–354.

Rubin, Zick (1970). Measurement of romantic love. *Journal of Personality and Social Psychology, 16(2)*, 265–273.

Ruvio, Ayalla, & Shoham, Aaviv (2007). Innovativeness, exploratory behavior, market mavenship, and opinion leadership: An empirical examination in the Asian context. *Psychology and Marketing, 24(8)*, 703–722.

Samsung Electronics GmbH. (2018). Samsung Galaxy S8 und S8+. http://www.samsung.com/de/smartphones/galaxy-s8/, Letzter Abruf: 15. Februar 2018.

Schaper, Thorsten (2017). *Preismanagement. Einführung in Theorie und Praxis.* (3. Auflage). Duncker & Humblot.

Schnell, Rainer; Hill, Paul B., & Esser, Elke (2008). *Methoden der empirischen Sozialforschung* (8., unveränd. Auflage). München: Oldenbourg.

Sernovitz, Andy (2006). *Word of mouth marketing: how smart companies get people talking.* Chicago, IL: Kaplan Publishing.

Shaver, Phillip; Schwartz, Judith; Kirson, Donald, & O'Connor, Cary (1987). Emotion knowledge: Further exploration of a prototype approach. *Journal of Personality and Social Psychology, 52(6)*, 1061–1086.

Shimp, Terence A., & Madden, Thomas J. (1988). Consumer-object relations: A conceptual framework bases analogously on sternberg's triangular theory of love. *Advances in Consumer Research, 15(1)*, 163–168.

Sinha, Indrajit, & Batra, Rajeev (1999). The effect of consumer price consciousness on private label purchase. *International Journal of Research in Marketing, 16(3)*, 237–251.

Smith, Daniel C., & Whan Park, C. (1992). The effects of brand extensions on market share and advertising efficiency. *Journal of Marketing Research, 29(3)*, 296–313.

Söderlund, Magnus (1998). Customer satisfaction and its consequences on customer behaviour revisited: The impact of different levels of satisfaction on word-of-mouth, feedback to the supplier and loyalty. *International Journal of Service Industry Management, 9(2)*, 169–188.

SoSci Survey. (2018). https://www.soscisurvey.de/index.php?page=info, Letzter Abruf: 9. Februar 2018.

Statistisches Bundesamt. (2017). Pressemitteilungen - Altersdurchschnitt der Bevölkerung sank 2015 auf 44 Jahre und 3 Monate - Statistisches Bundesamt (Destatis). https://www.destatis.de/DE/PresseService/Presse/Pressemitteilungen/2017/06/PD17_197_12411.html, Letzter Abruf: 22. Februar 2018.

Steenkamp, Jan-Benedict E. M.; Hofstede, Frenkel ter, & Wedel, Michel (1999). A cross-national investigation into the individual and national cultural antecedents of consumer innovativeness. *Journal of Marketing, 63(2)*, 55–69.

Sternberg, Robert J. (1986). A triangular theory of love. *Psychological Review, 93(2)*, 119–135.

Stevens, James P. (2002). *Applied multivariate statistics for the social sciences* (4. Auflage). Mahwah, NJ: Erlbaum.

Summers, John O. (1971). Generalized change agents and innovativeness. *Journal of Marketing Research, 8(3)*, 313–316.

Sundaram, D. S.; Mitra, Kaushik, & Webster, Cynthia (1998). Word-of-mouth communications: A motivational analysis. *Advances in Consumer Research, 25(1)*, 527–531.

SurveyCircle. (2018). Startseite. „https://www.surveycircle.com/de/“, Letzter Abruf: 9. Februar 2018.

Sweeney, Jillian C.; Soutar, Geoffrey N., & Mazzarol, Tim (2005). *The difference between positive and negative word-of-mouth—emotion as a differentiator*. In *Proceedings of the ANZMAC 2005 Conference: Broadening the Boundaries* (S. 331–337). Perth, Australia: University of Western Australia.

Tabachnick, Barbara G., & Fidell, Linda S. (2009). *Using multivariate statistics* (5. Auflage, Pearson internat. ed., [Nachdr.]). Boston, Mass.: Pearson/Allyn and Bacon.

Thaler, Richard (1985). Mental accounting and consumer choice. *Marketing Science, 4(3)*, 199–214.

The Economist Group Limited. (2017). The iPhone turns ten. *The Economist.* https://www.economist.com/news/leaders/21724382-firms-approach-data-will-determine-apples-success-coming-years-iphone-turns-ten, Letzter Abruf: 02. April 2018.

Theobald, Axel (2017). *Praxis Online-Marktforschung: Grundlagen – Anwendungsbereiche – Durchführung*. Wiesbaden: Springer Gabler.

Thesius. (2018). Umfragen. https://www.thesius.de/umfragen, Letzter Abruf: 9. Februar 2018.

Thibaut, John W., & Kelley, Harold H. (1986). *The Social Psychology of Groups*. New Brunswick, U.S.A: Transaction Books.

Thomson, Matthew; MacInnis, Deborah J., & Whan Park, C. (2005). The ties that bind: Measuring the strength of consumers' emotional attachments to brands. *Journal of Consumer Psychology, 15(1)*, 77–91.

Trusov, Michael; Bucklin, Randolph E., & Pauwels, Koen (2009). Effects of word-of-mouth versus traditional marketing: Findings from an internet social networking site. *Journal of Marketing, 73(5)*, 90–102.

Tsiotsou, Rodoula (2006). The role of perceived product quality and overall satisfaction on purchase intentions. *International Journal of Consumer Studies, 30(2)*, 207–217.

Tversky, Amos, & Kahneman, Daniel (1991). Loss aversion in riskless choice: A reference-dependent model. *The Quarterly Journal of Economics, 106(4)*, 1039–1061.

Vaidyanathan, Raijv, & Aggarwal, Praveen (2003). Who is the fairest of them all? An attributional approach to price fairness perceptions. *Journal of Business Research, 56(6)*, 453–463.

Van Westendorp, Peter H. (1976). *NSS price sensitivity meter (PSM)—A new approach to study consumer-perception of prices*. In *Proceedings of the 29th ESOMAR Congress* (S. 139–167). Venedig.

Volkmann, John (1951). *Scales of judgment and their implications for social psychology*. In J. H. Rohrer & M. Sherif (Ed.), *Social psychology at the crossroads; the University of Oklahoma lectures in social psychology* (S. 273–298). Oxford, England: Harper.

Voss, Kevin E.; Spangenberg, Eric R., & Grohmann, Bianca (2003). Measuring the hedonic and utilitarian dimensions of consumer attitude. *Journal of Marketing Research, 40(3)*, 310–320.

Wallace, Elaine; Buil, Isabel, & de Chernatony, Leslie (2014). Consumer engagement with self-expressive brands: Brand love and wom outcomes. *Journal of Product & Brand Management, 23(1)*, 33–42.

Walster, Elaine; Berscheid, Ellen, & Walster, G. William (1973). New directions in equity research. *Journal of Personality and Social Psychology, 25*, 151–176.

Wernerfelt, Birger (1988). Umbrella branding as a signal of new product quality: An example of signalling by posting a bond. *RAND Journal of Economics, 19(3)*, 458–466.

Westbrook, Robert A. (1987). Product/consumption-based affective responses and postpurchase processes. *Journal of Marketing Research, 24(3)*, 258–270.

Whan Park, C.; MacInnis, Deborah J.; Priester, Joseph; Eisingerich, Andreas B., & Iacobucci, Dawn (2010). Brand attachment and brand attitude strength: Conceptual and empirical differentiation of two critical brand equity drivers. *Journal of Marketing, 74(6)*, 1–17.

Willrodt, Karsten (2004). *Markenkompetenz: Konzeption und empirische Analyse im Industriegüterbereich* (1. Auflage). Wiesbaden: Dt. Univ.-Verl.

Xia, Lan; Monroe, Kent B., & Cox, Jennifer L. (2004). The price is unfair! A conceptual framework of price fairness perceptions. *Journal of Marketing, 68(4)*, 1–15.

Yamamoto, Mel, & Lambert, David R. (1994). The impact of product aesthetics on the evaluation of industrial products. *Journal of Product Innovation Management, 11(4)*, 309–324.

Yoo, Boonghee, & Donthu, Naveen (2001). Developing and validating a multidimensional consumer-based brand equity scale. *Journal of Business Research, 52(1)*, 1–14.

Yoo, Boonghee; Donthu, Naveen, & Lee, Sungho (2000). An examination of selected marketing mix elements and brand equity. *Journal of the Academy of Marketing Science, 28(2)*, 195–211.

Zeithaml, Valerie A. (1988). Consumer perceptions of price, quality, and value: A means-end model and synthesis of evidence. *Journal of Marketing, 52(3)*, 2–22.